図解まるわかり

PMO・PMのきほん

Project Management Office・Project Manager

西村泰洋
相川正昭 [著]

会員特典について

　本書の読者特典として、「課題管理表」と「リスク管理表」を提供します。下記の方法で入手し、さらなる学習にお役立てください。

会員特典の入手方法

❶ 以下のWebサイトにアクセスしてください。

　URL https://www.shoeisha.co.jp/book/present/9784798185965

❷ 画面に従って必要事項を入力してください（無料の会員登録が必要です）。

❸ 表示されるリンクをクリックし、ダウンロードしてください。

●注意

※会員特典データのダウンロードには、SHOEISHA iD（翔泳社が運営する無料の会員制度）への会員登録が必要です。詳しくは、Webサイトをご覧ください。

※会員特典データに関する権利は著者および株式会社翔泳社が所有しています。許可なく配布したり、Webサイトに転載したりすることはできません。

※会員特典データの提供は予告なく終了することがあります。予めご了承ください。

※図書館利用者の方もダウンロード可能です。

はじめに

　以前からPMO（Project Management Office）とPM（Project Manager）は
ITプロジェクトを進めていくための必須の人材として知られていました。

　2010年代後半以降、企業や団体がDXプログラムやITプロジェクトを
進めていく中で、内部の経験者の人材不足から、外部のPMOに頼るケー
スが増えてきました。近年はPMOという言葉が浸透するだけでなく、DX
の活動では成功の鍵を握る存在へと役割が高まりつつあります。そのよう
な背景から本書ではPMOに重点を置いて解説を進めていきます。

　本書の特徴は、PMOとPMの2軸、DXとITプロジェクトの2軸で、そ
れぞれを対比しながら整理して解説していくところです。2軸の対比で語
る理由は次の通りです。

- ●対比で見ていくことでそれぞれがわかりやすくなる
- ●近年はシステム構築に加えてDXのプロジェクトなども多く、以前にも
  増して両者の密接な連携が成功の鍵となっている

　さらに本書は、DXとITプロジェクトが共存する時代において、不足し
ているPMO人材を早急に増やしたいと考えて執筆しています。そのた
め、次のような方を読者として想定しています。

- ●PMOやPMがどのような人材か知りたい方
- ●PMOやPMの基本や実務を学びたい方
- ●DXとITプロジェクトでの活動の違いを知りたい方
- ●現在や近未来のPMOやPMはどのように動くべきかを学びたい方

　PMOやPMは時代とともに求められる役割が変わりますが、誰もがなれる
将来性のある職種であることも知っていただきたいと考えています。

　本書で基本や実務を確認、あるいは自身の経験と照らし合わせること
で、携わる活動の成功の確度は高まるでしょう。さらに、次の時代を担
うPMOやPMとして後世につながる活躍をしていただくことを祈ってい
ます。

目次

会員特典について ……………………………………………… 2

はじめに ……………………………………………………… 3

第1章 PMOとPMの概要
～ プロジェクトを推進する重要な人材 ～ 13

1-1 PMOとPMの役割
PMOとは何か? ……………………………………………… 14

1-2 DXが当たり前となった時代
ITプロジェクト、DX、DXプロジェクト ………………………… 16

1-3 PMOの意味と役割
Project Management Office、事務局、支援するチーム ……… 18

1-4 PMの意味と役割
Project Manager、リーダー ……………………………… 20

1-5 PMとPMOの違い
すべきこと ……………………………………………………… 22

1-6 PMとPMOの位置づけ
上下関係、横断的、専門家集団 ……………………………… 24

1-7 プロジェクトの特徴と求められる活動
プロジェクト、独自性、有期性、成果物、支援、助言、伴走 …… 26

1-8 プロジェクトを成功させるためのPMOの関与
成功責任、管理責任 ………………………………………… 28

1-9 現在のPMOらしさ
DXのデザイン ………………………………………………… 30

1-10 **PMOの基本的な管理項目**
管理項目、機能分化 ·· 32

1-11 **ITプロジェクトの現在**
ベンダーロックイン ·· 34

1-12 **高まるPMOへのニーズ①　簡単な利用法と成長企業の上手な利用法**
会議体運営、ファシリテーション、議事録作成 ········· 36

1-13 **高まるPMOへのニーズ②　調整役や通訳としてのPMO**
調整役、通訳 ··· 38

1-14 **誰もがなれるPMO**
誰もがなれる職種、型 ····································· 40

1-15 **プロジェクトを立ち上げる**
ヒト・モノ・カネ、開始条件 ······························ 42

1-16 **プロジェクトを管理する**
評価軸、品質、期間、コスト ······························ 44

1-17 **プロジェクトを終了する**
失敗プロジェクト、終了条件 ······························ 46

1-18 **プロジェクト管理標準のPMBOK**
PMBOKガイド、ピンボック ································· 48

やってみよう　・身近なところに存在するプロジェクト ··········· 50
　　　　　　　　・目的、目標／ゴールは埋まるか？ ··············· 50

第2章　DXプログラムとプロジェクト
～ プログラムを意識して取り組めるか ～　　51

2-1 **DXの始まり**
自動化、自律化 ··· 52

2-2 現在のDX
提供価値の評価 ……………………………………………… 54

2-3 ITプロジェクトの概要
開発工程、ウォーターフォール ……………………………… 56

2-4 DXとITプロジェクトの違い
もの作り、継続的な変革 ……………………………………… 58

2-5 プログラムとプロジェクトの違い
プログラム …………………………………………………… 60

2-6 DXはプログラム
総合的な取り組み、並行して走らせる ……………………… 62

2-7 その活動はプログラムでは?
目指しているゴール、全体戦略と目的 ……………………… 64

2-8 プログラムのゴール
ゴール ………………………………………………………… 66

2-9 プログラムとプロジェクトのマネジメントの違い
達成状況、到達度合い ………………………………………… 68

2-10 目標と施策の整合性
目標施策体系図、KGI、CSF、KPI …………………………… 70

2-11 憲章や計画書を作成する
プログラム憲章、プロジェクト計画書 ……………………… 72

2-12 増えつつあるCoEとその役割
CoE …………………………………………………………… 74

2-13 DXのチームビルディング
多様性、専門性 ………………………………………………… 76

2-14 外部人材とのすみ分け
外部人材 ……………………………………………………… 78

やってみよう ・プログラムはあるか? ……………………………………… 80

・中期経営計画≒プログラム ……………………………… 80

第3章 DXプロジェクトでの役割
～ 型のない活動でもやるべきことは同じ ～ 81

3-1 DXでのPMOの役割
どこに位置づけられる、当事者意識 ················· 82

3-2 推進体制の検討
CDO、CIO、責任者、体制図 ····················· 84

3-3 体制の機能と組み立て方
アライアンスチャート、体制図 ·················· 86

3-4 会議体の運営
ファシリテーター、決まり文句 ·················· 88

3-5 ワークショップの運営
ワークショップ、ブレイン・ストーミング、デザイン思考 ····· 90

3-6 課題と施策の整理
3階層、フレームワーク、ピラミッド ·············· 92

3-7 変化への対応
変化、生き物 ································· 94

3-8 ソリューションの想定
ソリューション、イラスト、SaaS ················ 96

3-9 求められている期待の認識
期待、期待値 ································· 98

3-10 振り返りの重要性
振り返り ·································· 100

やってみよう ・あなたのDXとは？ ················· 102

・DXによって恩恵を受ける人 ·············· 102

7

第 4 章 DXとITにおける共通の活動
～ PMOの基本的な仕事と機能 ～
103

4-1 タスクから見たPMOの仕事
週次単位、月次、週次、日次 104

4-2 スコープの定義
スコープ、作業スコープ、成果物スコープ 106

4-3 マイルストーンの決定
マイルストーン、区切り、到達点、中間目標 108

4-4 現在地の確認
フェーズ、ゲート 110

4-5 最小の活動と言葉の確認
タスク、テーマ、ワークパッケージ 112

4-6 WBSとガントチャートの作成
WBS、ガントチャート、アクティビティ 114

4-7 進捗の管理
進捗管理、管理単位、工数、作成物 116

4-8 課題の管理
課題管理、課題、課題管理表 118

4-9 リスクの管理
リスク、リスク管理表、リスク監視 120

4-10 ステークホルダーの管理
ステークホルダー 122

4-11 コミュニケーション管理
コミュニケーション、会議体 124

4-12 品質について考える
品質基準、管理項目 126

4-13 ツールによる管理
プロジェクト管理ツール、チケット 128

やってみよう ・コミュニケーション管理の重要性 ················· 130

　　　　　　　 ・先回りして設計することを心掛ける ················· 130

第5章 ITプロジェクトでの役割
～ プロジェクトに見るPMの果たすべき役割と機能 ～　131

5-1　システム構築タイプによる違い
新たなIT（攻め）、従来型IT（守り） ················· 132

5-2　ビジネスや技術による違い
デジタル技術、DX認定 ················· 134

5-3　開発手法と工程での違い
ウォーターフォール、アジャイル、ローコード開発 ················· 136

5-4　ITプロジェクトで求められるPMの役割
ITプロジェクトのPM ················· 138

5-5　ITプロジェクトで求められるPMOの役割
PMOの役割 ················· 140

5-6　ITベンダーの選定
RFI、RFP ················· 142

5-7　システム開発におけるフェーズと工程
フェーズ、工程、V字モデル ················· 144

5-8　プロジェクト開始時の留意点
システムを導入する理由 ················· 146

5-9　ITプロジェクトを計画する
ITプロジェクトの開始条件 ················· 148

5-10　プロジェクト計画書の作成
プロジェクト計画書、ベースライン計画 ················· 150

5-11　契約について考える
準委任契約、請負契約 ················· 152

9

5-12 メンバー選定とチームビルディング
メンバー選定、チームビルディング ················· 154

5-13 ITプロジェクトの体制
体制構築、定常業務 ······························· 156

5-14 コストからプロジェクトを見る
見積り、アーンド・バリュー・マネジメント ········· 158

5-15 終了条件に基づく完了
工程完了、工程完了判定会議 ······················· 160

やってみよう ・PMらしいドキュメント ··············· 162
・3つの観点の例 ····················· 162

第6章 ITプロジェクトでの工程別の活動
～ 工程別に見る活動と作成物の違い ～ 163

6-1 ITビジネスの熾烈な戦いから
システム企画、要件定義、要件定義書、RD ·········· 164

6-2 構想立案とシステム企画
情報化構想立案、システム化計画 ··················· 166

6-3 要件定義の全体像
ITプロジェクトの目的と予算、スケジュール ········· 168

6-4 ビジネス要件とシステム化要件
ビジネス要件、システム化要件 ····················· 170

6-5 機能要件と非機能要件
機能要件、非機能要件 ····························· 172

6-6 要件定義工程のドキュメント
ドキュメント ····································· 174

6-7	基本設計工程
	外部仕様、基本設計書、ユーザビリティ、ユーザーエクスペリエンス ···· 176

6-8	詳細設計工程
	プログラム、実装配置、詳細設計書 ················ 178

6-9	開発の本丸
	プログラミング構造設計、プログラミング、プログラムテスト、単体テスト ··· 180

6-10	テスト工程
	結合テスト、システムテスト ···················· 182

6-11	運用テストから稼働へ
	運用テスト、移行計画書、稼働判定会議 ··············· 184

6-12	稼働後の管理
	運用管理、システム保守 ······················ 186

6-13	ポストモーテムへの取り組み
	ポストモーテム、事後検証、インシデント、DevOps ··········· 188

6-14	品質管理の重要性
	PDCA サイクル、第三者視点 ··················· 190

やってみよう
- 要件定義のドキュメントでの整理 ··············· 192
- 整理後の振り返り ························· 192

第7章 PMOになるために
～ 心得・スキル・変化に対応できること ～ 193

7-1	PMOの心得
	足りない役割や機能を埋める姿勢、新しいことに取り組む ·········· 194

7-2	PMOに求められるスキルの整理
	コミュニケーションスキル、リーダーシップ、専門性、事務処理能力 ··· 196

7-3 経営と現場の両面から
トップダウン、ボトムアップ、意思決定プロセス ……………… 198

7-4 原因を追究する
なぜなぜ分析、マインドマップ ……………………………………… 200

7-5 施策を立案できるようにするには?
目標施策体系図 ………………………………………………………… 202

7-6 ゴールにたどり着くために
ゴールへのプロセス …………………………………………………… 204

7-7 社内PMOの事例
社内PMO、事業部門、IT部門、情報システム部門 ……………… 206

7-8 社外PMOの事例
社外PMO、価値提供 ………………………………………………… 208

7-9 外部パートナーの活用
コンサルティングファーム、ITベンダー、個人の専門家 ……… 210

7-10 ビジネスの観点でPMOを考える
アドバイザリー、作業代行、PMO+、PMO2.0 …………………… 212

やってみよう ・プロジェクトの特徴は独自性と有期性 ………………… 214
・考える順番 …………………………………………………… 214

用語集 ………………………………………………………………………… 215

索引 …………………………………………………………………………… 218

おわりに ……………………………………………………………………… 221

12

第 **1** 章

PMOとPMの概要
～プロジェクトを推進する重要な人材～

PMOとPMの役割

PMOやPMが想像できるか?

本書ではPMに対して多数派であるPMOを主体に解説を進めていきます。そのため、この後からはPMO、PMの順番で整理を進めます。

PMO（プロジェクトマネジメントオフィス）、PM（プロジェクトマネージャー）という言葉を聞いて、すぐに「PMOの〇〇さん」「PMの□□さん」のように**個人名を挙げられる人はどれだけいるでしょうか**。PMOやPMの役割や機能については**1-3**から解説しますが、自分が携わっているプロジェクトがある、所属する企業や団体の身近なところでプロジェクトが動いている人であれば、直ちに名前と顔が想像できるはずです。

しかし、必ずしもすべてのビジネスパーソンがそのような状況にあるわけではありません。そもそも、「**PMOとは何か?**」と思われる人もいるでしょう（図1-1）。まずは、どのような人がPMOやPMを務めているか最初に見ておきます。

DXとITの不可分な関係

ここでは増えつつある事業会社でのDXやITプロジェクトを例にします。

責任者は担当役員や部長などが、PMは部長や課長などの管理職が務めることが多いです。PMOについては、IT関連のプロジェクトであればIT部門に所属する人たちが務めることが多いかもしれません。もちろん担当者がその機能を兼務することもあります。企業や団体によっては、PMOは認知されていない存在かもしれませんが、近年重要な役割と機能を担っていることで注目されつつあります。

一方、**PMOやPMは求められる機能が専門的であることもあって、プロジェクトの内容や規模によっては、コンサルティングファームやITベンダーなどの外部企業の専門的な人材が担うこともあります**。コンサルティングファームが携わっている案件の半数以上はPMOやPM機能の提供ともいわれるくらいニーズが多い仕事でもあります（図1-2）。

> 図1-1　PMOは誰で、何をやっている人と感じる人も多いのでは

あなたの所属する企業や団体

「PMOって何だろう、誰かな？」
「PMはDX推進の佐藤部長かな」

「PMOの名前は？」
「PMの名前は？」

あなた

- あなたはそのように聞かれてすぐに名前と顔が浮かびますか？
- PMOに関しては名前が挙がらない方も多いのではないか……

PMO：Project Management Officeの略称。プロジェクトマネジメントオフィスを指す。PMOはプロジェクトやプログラムのマネジメントの支援を行うチーム（**1-3**で解説）

PM：Project Managerの略称。プロジェクトをマネジメントするリーダーを指す（**1-4**で解説）

> 図1-2　事業会社におけるDXやITプロジェクトのPMとPMOの例

事業会社

責任者
担当役員や部長などが務める

PM
- 部長や課長などの管理職がなることが多い
- プロジェクト部長やプロジェクト課長などの名称もある

PMO
IT部門の方が務める、あるいは担当者が兼務することが多い

コンサルティングファームやITベンダー

専門的な仕事なので外部のメンバーに頼るケースも多い

PM

PMO

事業会社からすれば外部のPMOであることから、社外PMOや外部PMOなどと呼ばれることもある

Point

- 誰がPMOやPMを務めているかわかりにくいことが多い
- 事業会社のプロジェクトでは、PMOやPMをコンサルティングファームやITベンダーなどのメンバーが務めることも多い

1-2 ITプロジェクト、DX、DXプロジェクト

≫ DXが当たり前となった時代

ITプロジェクトとDXプロジェクト

新たにITの導入を検討する取り組みや、既存のシステムを更新する活動などは、以前から多くの企業や団体で手掛けられています。本書ではそれらをITプロジェクトと呼ぶことにしますが、以前から認知されている活動といえます。

一方、DXと呼ばれている比較的新しい活動もあります。日本国内では2015年頃から使われ始めた言葉ですが、Digital Transformationを略してDXと呼ばれています。DXはデジタル技術を活用して、ビジネスや生活を一変させる、あるいは新たな価値を提供することで、既存の価値観やしくみなども別のものに変えることを目指す活動です。

企業であれば、顧客や取引先との接点や関係を変える、さらに事業や経営のあり方自体も変えることを目指すDXもあります（図1-3）。本書ではそれらをDXやDXプロジェクトと呼びますが、**ここ数年で急速に拡大ならびに浸透している活動**です。

DXとITの不可分な関係

現在、多くの企業や団体でDXが進められています。DXの中にITプロジェクトが位置づけられる、あるいはDXの後続の活動としてITプロジェクトが存在するなどのように、**DXとITのプロジェクトは不可分な関係**になっています（図1-4）。

DXが当たり前となった現代では、DXとITのさまざまなプロジェクトが並行して進められています。そのため、以前のITプロジェクトのみの時代と同じような考え方でプロジェクトを推進・運営することは難しくなっています。また、それらのプロジェクトを推進する役割を持つメンバーとして重要な役割を果たすPMOやPMのあり方も変わりつつあります。

> 図1-3　　Digital Transformation とは？

DX＝Digital Transformationの略称

| デジタル技術を表す
Digital | | 変革を意味する
Transformation |

Transformが持つ意味
- 景色や街のような大きなものを一変させる
- モノや機能などを変形・変換する

- 企業であれば、顧客や取引先との接点や関係を変える、事業や経営のあり方自体も変えることを目指すDXもある
- 日本政府においては、2018年12月発表の経済産業省の「デジタルトランスフォーメーション（DX）を推進するためのガイドライン」（通称：DX推進ガイドライン）で初めて定義された

> 図1-4　　**DXとITプロジェクトの関係**

　もしくは　

Point
- DXはここ数年で急速に拡大ならびに浸透している活動
- DXとITのプロジェクトは不可分な関係にある

1-3 ·········· Project Management Office、事務局、支援するチーム

» PMOの意味と役割

PMOの意味

PMOは**Project Management Office**の略称です。文字通りプロジェクトマネジメントオフィスやプログラムマネジメントオフィスを指します。**事務局**などと呼ばれることもあります。PMOはプロジェクトや後述するプログラムのマネジメントを**支援するチーム**を指します。近年、この支援の範囲は広くなっています。

また、PMOは特定の組織や部門に紐づいた狭いチームや形態ではなく、広い視点で横断的にプロジェクトを見ていくチームや部隊、構造を意味しています（図1-5）。

プロジェクトをマネジメントする人材としては、次節で解説するプロジェクトマネージャー（いわゆるプロマネ・PM）が頭に浮かぶことが多いかもしれません。

多数派〜1：nの関係

プロジェクトマネージャーはプロジェクトに対して1人ですが、PMOは複数名または多人数です。つまり、プロジェクトに携わる人数だけで見れば、**PMOと呼ばれる人材の方がPMより多数派です**。例えば、1人のプロジェクトマネージャーに対してn人で構成されるPMOのように、1：nの関係になります（図1-6）。

規模の大きいプロジェクトやプロジェクトを束ねるプログラムともなれば、PMOと構成する人数もかなり多くなります。言い換えれば、大きいプロジェクトになるほど、PMOなしではプロジェクトが回らないともいえます。その理由は**1-5**以降で解説しますが、PMOがプロジェクトマネジメントの専門家の集団としてプロジェクト運営を支えている存在でもあるからです。

PMOが以前にも増して注目を浴びつつある背景には、前節でも述べたようにDXの普及・浸透によるプロジェクト数の急増があります。

| 図1-5 | **PMOの意味するところ・イメージ** |

日本におけるPMやPMOの普及を目指す一般社団法人日本PMO協会では、PMOを
「組織内における個々のプロジェクトマネジメントの支援を横断的に行う部門や構造システム」
と定義している

| 図1-6 | **プロジェクトマネージャーとPMOの関係** |

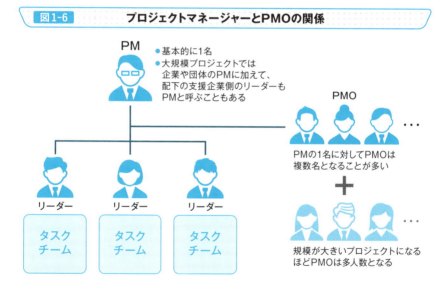

Point

- PMOはProject Management Officeの略称でプロジェクトやプログラムのマネジメントの支援を行うチームを指す
- PMOは人数だけでいえばプロジェクトマネージャーよりもはるかに多い

1-4 .... Project Manager、リーダー

》 PMの意味と役割

PMの意味

　PMはProject Managerの略称です。PMは、プロジェクトをマネジメントするリーダーを指します。PMはプロジェクトを統括してプロジェクトの関係者に指示をして、プロジェクトの運営責任を持つとともに、プロジェクトを成功へと導くミッションを負います（図1-7）。

　PMはプロジェクトの代表であることから**基本的には1名**となります。大規模なITプロジェクトなどでは、企業側のPMと支援するITベンダーのPMなどで複数名となることもありますが、最終的な決定を下すPMは1名で重要な存在です。それ故に実際のプロジェクトでは、PMに加えてPMOが存在します。思い描くゴールに向かって進めるように多くのPMOが支援をしていることも多いです（図1-8）。

PMOとの関係

　ITプロジェクトの場合、PMの役割は、対象となるシステムの開発の要諦を押さえてもの作りの責任を負うものなのでわかりやすいのですが、業務の改革やDXなどのプロジェクトの場合には、その都度、活動内容と役割や責任を明確化する必要があります。

　さまざまなプロジェクトに対してどのように推進していくか、あるいはマネジメントするかの違いはありますが、PMがプロジェクトを運営するリーダーで、PMOはそのPMを支える立場であることは変わりません。しかし、PMとPMOの関係はPMOの活動範囲が広くなってきたことから変化しています。

　DXをはじめとしたさまざまなプロジェクトが進められている現在では、PMやPMOの機能や役割も変わってきています。本書ではその変化についても解説します。

　次節では、PMOとPMの関係をさらに整理します。

図1-7　　　　PMの位置づけと役割

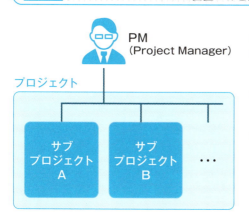

- プロジェクトをマネジメントするリーダー
- プロジェクトを統括して関係者に指示をして運営責任を持つとともに成功裏に導くミッションを負う
- ITプロジェクトなどでも大規模なものは1,000人を超えるメンバーで構成されることもある
- 配下にリーダーやサブリーダーが配置されることが多い

図1-8　　　　PMとPMOの関係の変化

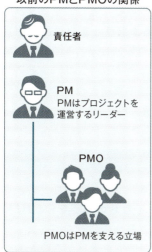
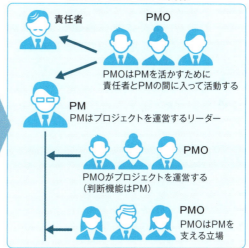

Point

- PMはプロジェクトをマネジメントするリーダーで基本的に1人で担う
- ITプロジェクトのPMはもの作りの責任を負うものなのでわかりやすいが、DXでは活動ごとに役割や責任を明確化する必要がある

1-5 .... すべきこと

≫ PMとPMOの違い

PMがすること

　前節まででPMがプロジェクトを運営するリーダーで、PMOはPMや運営を支える役割であることを説明しました。プロジェクトを運営していく際に、一言でプロジェクトを管理する、マネジメントするなどといってしまいがちですが、その管理やマネジメントには一定の「**すべきこと**」があります。それを理解してこそ、プロジェクトのリーダーであるPMがどういう役割で、それを支えるPMOが何をするかがわかります。

　詳細は第3章で解説しますが、**プロジェクトは、初めに目的やゴール、スコープを設定して、実現に向けた計画を策定します。活動中は計画通りに進んでいるかを見ていきます。**とはいえ、計画通りに進むことはまれであることから、**どのような課題やリスクがあるかを事前または都度想定し、問題が発生する場合には対策を講じる**など、もしものときの対応が求められます。PMがすべきことを端的な言葉で表現すると、ゴールとスコープの設定、計画策定などの初動から、進捗管理や課題管理、リスク管理などの機能で表せます（図1-9）。

PMOは支援や代行

　ゴールとスコープの設定、計画策定、進捗管理、リスク管理などのようにPMの役割や機能を端的な表現で示せると、**それらの一部をPMOに代行してもらえるようになります。**PMOは、PMのそれらの機能を支援・代行します。実際のプロジェクトではPMが自ら各機能を遂行することもあれば、PMOに一部や大半を任せて全体の取りまとめをすることもあります（図1-10）。

　なお、その他にも、品質管理や、プロジェクトを取り巻く関係者であるステークホルダーとの付き合いを管理するステークホルダー管理、打ち合わせや報告、情報共有などを管理するコミュニケーション管理などの機能がPMにはあります。

22

図1-9　**PMがすべきこと**

PM
- PMは目的やゴール、スコープを設定する
  PMOはそれらの支援を行う
- 最終的な判断はPMが下す

| プロジェクトの目的、ゴール、スコープを設定する | 計画を策定する | 投資や予算の承認を得る | プロジェクト始動／進行中 |

ゴール、スコープ設定

計画策定

投資・予算承認

メンバーの選定
体制構築

進捗管理
課題管理
リスク管理

図1-10　**PMOによるPMの機能の支援・代行**

- 図1-9のように機能で整理できれば、それらの一部をPMOが支援・代行できるようになる
- 実際のプロジェクトではPMが各機能を遂行することもあれば、PMOに一部を任せて全体の取りまとめをすることもある
- PMOはPMの決めたゴールやスコープを守りながらプロジェクトを推進していく

Point

- PMはプロジェクト開始時には目的や範囲、ゴール、計画策定をして、進行中は進捗管理、課題管理、リスク管理などを行い、プロジェクトを管理する
- PMOはPMの機能の一部を支援や代行をすることもある

1-6 上下関係、横断的、専門家集団

» PMとPMOの位置づけ

PMとPMOは絶対的な上下関係がある

前節で、簡単ではありますがPMとPMOの機能を確認しました。本節では改めて両者の位置づけを確認します。

PMとPMOには明確な上下関係があります。**PMがリーダー、PMOはPMに従う立場です。**上司と部下のような関係といってもよいでしょう。しかし、**1-3**で解説したように、PMOは広い視点で横断的にプロジェクトを見ていく立場です。また、実際のプロジェクトではさまざまな組織や人材が入り交じることもあります。そのため、図1-11のような体制図で表現されることが多いです。もちろんプログラムやプロジェクトの規模などで体制は変わってきます。

PMOはコーチやサポート

プロジェクトに応じてさまざまな体制が組めるのは、あらかじめPMやPMOの役割や機能が決まっているだけでなく、PMOの専門性もあります。**1-3**で触れたように、PMOはプロジェクトマネジメントの専門家集団でもあることから、**求められている機能に応じてプロジェクトに参画します。**

チームスポーツの世界では、選手の他に優れたリーダーである監督、選手をサポートするコーチやその他の専門家などで構成されていますが、これをプロジェクトに当てはめると、PMは監督で、PMOはコーチや選手をサポートする専門家に相当します。では選手はというと、企業や団体のプロジェクトでいえば、各組織のミッションを遂行する担当者やリーダーを意味します（図1-12）。よい監督やコーチ、専門家がいるチームは、選手の管理や育成もしっかりしており、チームとしてうまく回っていく確度が高くなります。

なお、近年は、PMOの認知度が高くなったことから、PMのようにPMOがリーダー的な存在になる、あるいは選手の代わりを務めることもあります。

図1-11　**PMとPMOの関係と体制図**

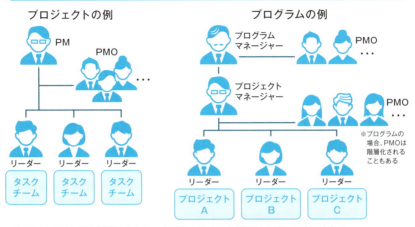

- 体制図上ではPMOが横断的なチームである特性から横にはみ出して表現される
- DXは複数のプロジェクトから構成されるプログラム活動であることが多い

図1-12　**PMとPMOをスポーツのチームにたとえると……**

Point

- PMとPMOは上下関係があり、PMOはPMに従う立場
- PMOは専門家の集団であることから、求められている機能に応じてプロジェクトに参画する

1-7 ·················· プロジェクト、独自性、有期性、成果物、支援、助言、伴走

≫ プロジェクトの特徴と 求められる活動

プロジェクトの特徴は独自性と有期性

ここまで、PMOとPMの言葉の定義や役割・機能などを解説してきました。ここで管理対象である**プロジェクト**について整理しておきます。

プロジェクトマネジメントの知識体系をまとめた『PMBOKガイド』（Project Management Body Of Knowledge：プロジェクトマネジメント知識体系・**1-18**参照）では、「プロジェクトとは、独自のプロダクト、サービス、所産を創造するための有期性の業務である」と定義しています。つまり、**プロジェクトは新たに作成する製品やサービスなどを期限内に作り上げる業務**といえます（図1-13）。プロジェクトで重要なことは、その特徴でもある**独自性**と**有期性**を考慮しながら、目的や目標を達成するための成果やその産物としての**成果物**を作成することです。

複雑化するプロジェクトによる変化

プロジェクトの運営責任を担うのがPMであることは**1-4**で解説しました。

ITのプロジェクトであれば、PMはプロジェクトの成果物であるITやシステムという目に見えるもの作りに対する責任を担います。業務の改革活動のようなプロジェクトであれば、改革や改善目標の達成に向けての責任を負います。第2章で解説しますが、DXはより難易度の高い活動です。

プロジェクトがITだけでなく、業務改革やDXなどのように複雑化することに伴い、PMOの役割や機能も変化しています。

コンサルティングファームが提供するPMOでは、PMOの「**支援**」が「**助言**」「**伴走**」などと表現されることもあります。また、近年ではPMの代行という形で、プロジェクト全体の指揮や管理を行うケースも出てきています。多様化するプロジェクトでは、PMOにさまざまな役割やスキルが求められています（図1-14）。

26

図1-13　プロジェクトの特徴

プロジェクトの特徴		例：ダイエットプロジェクトの場合
独自性	プロジェクトで創造される成果物が独自のものであること⇒類似のプロジェクトはあっても、まったく同一のプロジェクトは存在しない	糖尿病予防のため、標準体重○○kgを目標に、毎日1,800キロカロリーの食事制限と5kmのジョギングを行う
有期性	プロジェクトには必ず「始まり」と「終わり」があること⇒プロジェクトでは必ず何をもって「終わり」とするかを定義する	健康診断のある12月までに目標体重に達成していることを完了条件とする
成果物	プロダクト：製品 サービス：サービスを提供する能力 所産：プロジェクトの結果得られた文書類や改善されたプロセスなどの成果物	所産：ダイエットの結果としての体重とダイエット方法が得られる ※成果物は必ずしも3つそろわなくてもよい。ダイエットの場合、プロダクトやサービスは成果物にない

※独自性があり、有期的に行う活動であれば、プロジェクトと定義できる。例として挙げたダイエットも目的・目標が明確で、かつ独自性があり、その期限と完了条件が定義されていればプロジェクトとして定義できる

図1-14　支援と助言と伴走

従来のPMO

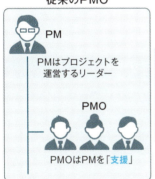

PMはプロジェクトを運営するリーダー

PMOはPMを「支援」

現在のPMO

PMOはプロジェクト全体やPMに「助言」を提供する
※「助言」とは専門的な知見を提供することを表す
※アドバイザリーと表現されることもある

PMOはプロジェクトに「伴走」する
※活動して成功も失敗も共有する、一心同体のような印象を与える

※外部のITベンダーやコンサルティングファームの立場では、「支援」よりも「助言」や「伴走」の方が評価を得やすい

Point

- プロジェクトは新たに作成する製品やサービスなどを期限内に作り上げる業務
- プロジェクトが複雑化することでPMOの役割や機能も変化している

1-8 成功責任、管理責任

プロジェクトを成功させるためのPMOの関与

プロジェクトの成功に向けた成功責任と管理責任

ところで、プロジェクトを成功に導くためには何が求められるのでしょうか。優秀なPMとそれを支えるPMOのチームが組成できたからといって、必ずしも成功できるわけではありません。もちろん、そこにはプロジェクトそのものの特性や難易度も関係します。

ITプロジェクトであれば、対象となるシステムの業務や開発技術の要点を押さえたうえで、プロジェクトを進める必要があります。プロジェクトを進めるためは、成功するための目標に向けた活動を実行する成功責任と、成功に向けた活動の管理やサポートをして進めていく管理責任が必要です。後者の管理責任はPMOに機能分けして託すこともしやすいです（図1-15）。しかし、近年はPMOが成功責任に携わることも増えています。以下に例を挙げます。

ITプロジェクトにおけるPMOの関与の例

ITプロジェクトでは、図1-16のように工程と期間を切って活動することが多いです。成功責任は、この要件定義工程の例では、要件定義書を構成する業務フロー、システム化業務フロー、As-Is・To-Be図などのドキュメントを作成して関係者の承認を得ることです。管理責任は、それらの一連の活動が進んでいるか、進捗管理などを通じて関与することで果たされます。

これまでのPMOは下段の管理責任に携わり、その域を超えないことが一般的でした。しかし、現在ではうまく進んでいない活動にサポートで入る、必須ドキュメントの精査や仕上げを行うなど、プロジェクト活動そのものに関与することが増えています。

次節以降で解説するDXの事例が増えてきた影響や、企業や団体におけるPMOへの期待が大きくなっていることが理由として挙げられます。

28

| 図1-15 | プロジェクトの成功に向けてPMがすべきこと |

 PM

| 成功責任 |：成功するために目標に向けた活動を実行する

| 管理責任 |：成功に向けた活動の管理やサポートを進める
（進捗管理、課題管理、リスク管理、ステークホルダー管理、コミュニケーション管理など）

切り分けて
PMOに任せる → 管理責任は比較的機能が明確なので渡しやすい

| 図1-16 | ITプロジェクトでPMOが深く関与する例 |

システム開発プロジェクト

2024/10〜2025/3　2025/4〜2025/9　2025/10〜

要件定義工程　設計工程　開発工程

成功責任
例：業務フローの作成
　　システム化業務フローの作成
　　＊As-Is・To-Be図の作成

管理責任
例：進捗管理
　　会議体運営
　　課題管理
　　リスク管理

 PMO

- これまでは下段の管理が中心だったが、現在は上段がうまくいっていないときにサポートで入ることもある
- ドキュメントの精査などをすることもある

※2024/10月現在の活動とした場合
＊As-Is・To-Be図は業務の現状と業務の今後（あるべき姿）を対比できるように整理する図やイラスト

Point

- プロジェクトを進める際には成功に向けて活動を実行する成功責任と成功に向けた活動の管理やサポートをしていく管理責任が必要となる
- これまでのPMOは管理が中心だったが、PMOへの期待が大きくなっていることから、現在はプロジェクトの活動そのものにも携わることが増えている

1-9 .... DXのデザイン

》 現在のPMOらしさ

DXプロジェクトにおけるPMOの関与の例

前節ではITプロジェクトでPMOの役割や関与度合いが拡大しつつあることを解説しました。本節ではDXプロジェクトの例で見てみましょう。

例えば、ある企業で**DXのデザイン**のフェーズにあるとした場合、具体的な活動としては、関係者ワークショップでの討議、To-Be図の作成、サービス調査などがあります。最初の活動であるワークショップのファシリテーションをすることでDXデザインの内容に介入することになります（図1-17）。

DXの取り組みは、ITプロジェクトのように、必ずしも同じような工程や活動で進むわけではありません。活動自体の型化は難しく、柔軟な対応が求められます。また、そのような活動において、PMOは**管理だけでなく、直接的な関与を求められることが多い**です。

オールラウンドなプレイヤーとしてのPMO

PMOには、誰がやるかわからない仕事や、担当者が決まっていてもやり方がわからないので進まない、などのように、**不明確な活動やグレーゾーンの活動を吸収する役割が求められること**もあります。言い換えれば、PMOは**何でもこなすオールラウンドプレイヤーとして、すべてのプレイヤーの代わりが求められる人材**といってもよいでしょう。以前から定型化されている進捗管理などの管理業務は当然として、活動の本質への具体的な関与や支援、推進に不可欠な業務への参画も求められています。これが現在のPMOらしさともいえます（図1-18）。

この背景には企業や団体のさまざまなDXへの取り組みにおいて、多くのPMOがオールラウンダーとして関わってきた実績があります。つまり、PMOらしさやあり方は時代とともに変化していくのです。

| 図1-17 | **DXプロジェクトでPMOが深く関与する例** |

| 図1-18 | **現在のPMOらしさ** |

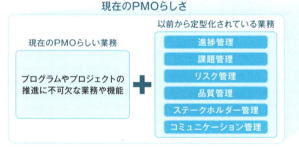

Point

- DXの取り組みは必ずしも同じような工程や活動で進むわけではないので、PMOは管理だけでなく直接的な活動への関与が求められることが多い
- 現在のPMOは従来型の管理業務に加えて、プロジェクト推進に不可欠な部分への参画も求められるオールラウンドなプレイヤー

PMOの基本的な管理項目

PMOの主要な管理項目例

1-8ではPMを支援する役割を中心に、PMOの活動の幅や権限が増えつつあることを述べました。また、**1-5**以降では、主要な管理項目として以下を挙げています。これらを管理できて初めて、PMOらしさがあることから、改めて整理しておきます（図1-19）。

＜プロジェクト開始時＞
- ゴールとスコープの設定
- 計画策定

＜プロジェクト進行中＞
- **進捗管理**
- 課題管理
- **リスク管理**
- **品質管理**
- **ステークホルダー管理**
- コミュニケーション管理

PMのサポートという観点では、上記のすべてにPMOが携わる可能性があります。プロジェクトが多様化した現在では、この中の一部に活動の範囲が限定されることもあります。

機能ごとに分かれるPMO

例えば、**大規模プロジェクトやDXなどでは、進捗管理とステークホルダー管理とコミュニケーション管理を担当するPMO、品質管理を担当するPMOなどのように、複数のチーム**で機能分化がされることもあります。

特定のPMOにすべてを担当させるのが難しいことや、PMOチームの専門性など、さまざまな理由があって機能分化がされています（図1-20）。

図1-19　PMOの以前からの主要な管理項目の例

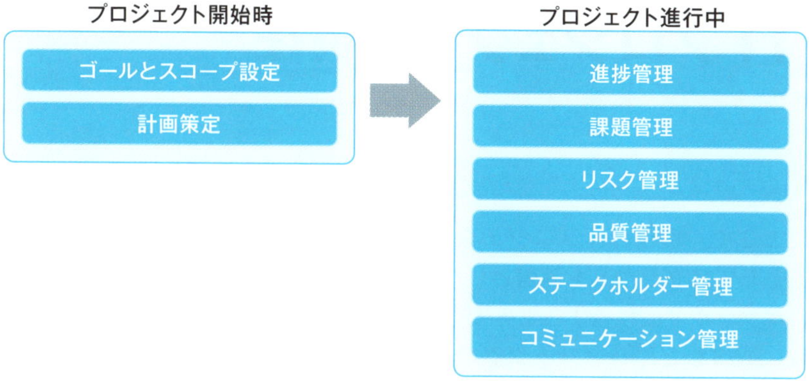

プロジェクト開始時
- ゴールとスコープ設定
- 計画策定

プロジェクト進行中
- 進捗管理
- 課題管理
- リスク管理
- 品質管理
- ステークホルダー管理
- コミュニケーション管理

PMのサポートという観点では上記のすべてにPMOが携わる可能性がある

図1-20　複数・機能分化されるPMO

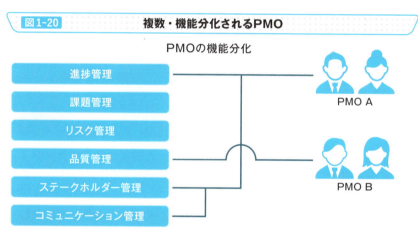

PMOの機能分化

- 進捗管理
- 課題管理 → PMO A
- リスク管理
- 品質管理
- ステークホルダー管理 → PMO B
- コミュニケーション管理

- PMOの機能分化はPMOチームの専門性に依存する
- コンサルティングファームやITベンダーなどの外部委託のプレイヤーの特徴、フェーズごとの専門性などのさまざまな理由で機能分化がなされる

Point

- PMOの主要な活動として、プロジェクト進行中には、進捗、課題、リスク、品質、ステークホルダー、コミュニケーションの管理などがある
- 大規模プロジェクトやDXなどでは、PMOが複数存在して機能分化されることもある

1-11 .... ベンダーロックイン

» ITプロジェクトの現在

クラウド浸透前のITプロジェクトのPMとPMO

　ここで、現在のITプロジェクトの動向を見ておきます。ここ数年の傾向としてはクラウドを基盤としたシステム開発や、既存システムの更新時にはクラウドに移行することが多くなっています。そのような状況の中では、AWSなどのパブリッククラウドの利用を前提とすることが多く、携わるベンダーも以前と変わりつつあります。

　従来、大規模なシステムでは、大手ITベンダーの富士通、IBM、NTTデータ、日立、NECなどが一括してシステムの開発や運用を請け負うことが多く、ベンダー側のPMもしていました。**PMOはユーザー企業と近しいITベンダーやコンサルティングファームなどから供給されることが多かった**のです（図1-21）。

クラウドはベンダーロックイン対策の切り札

　システムの基盤がパブリッククラウドとなった背景には、利便性やコストなどもありますが、ユーザー企業が長年にわたって特定のITベンダーにシステム開発や運用を委託することになるベンダーロックインの状況を変えたいという思いもあったと考えられます。そのような思いを反映してか、**PMやPMOの顔ぶれも様変わりしています。**

　例えば、PMは大手ITベンダーから大手コンサルティングファームへ、システム開発はそれらの配下である大手ITベンダーへ、システム基盤はパブリッククラウド、PMOはさらに別のコンサルティングファームへ、などのように、特定のITベンダーやコンサルティングファームに依存するのではなく、必要なケーパビリティに応じて、柔軟に連携するベンダーが選定されていきます（図1-22）。

　PMOやPMも時代の流れで変わりますが、ITプロジェクトではこの10年くらいで、現場を取り巻くベンダーの顔ぶれが様変わりしています。

図1-21　クラウド浸透前のITプロジェクトのベンダーの例

- 大手ITベンダーの1社または複数社が一括して委託や請負をする
- PMも各社が提供する
- ITベンダーに何でも任せてしまうとシステムの仕様はすべてベンダーが把握することになり、自社の情報システム部門では把握も不可能となってベンダーから逃げられなくなってしまう「ベンダーロックイン」の状態に陥る
- ITベンダー側では顧客をロックインする機会を狙っている。一度ロックインされたら、ユーザー企業はそのベンダーに言われるがまま高いコストを払い続けることになる

図1-22　パブリッククラウドが主流となったITプロジェクトのベンダーの例

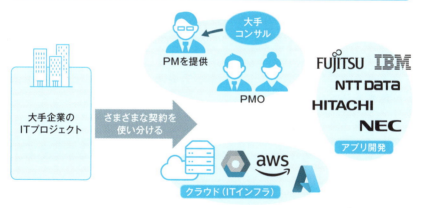

クラウドの利用やITベンダーのロックインを避けるために
コンサルティングファームがPMを提供、クラウドベンダーがインフラを提供する

Point

- パブリッククラウド浸透前の大規模なITプロジェクトでは大手ITベンダーが主役のような存在だった
- パブリッククラウドが当たり前となった現在では、ITプロジェクトのPMやPMOを供給する企業は様変わりしている

1-12 .... 会議体運営、ファシリテーション、議事録作成

高まるPMOへのニーズ①
簡単な利用法と成長企業の上手な利用法

最も簡単なPMOの利用方法

企業や団体はプロジェクトの支援に際して、特定のベンダーやコンサルティングファームに依存するのではなく、機能や能力に応じて使い分けようとしています。

言い換えれば、機能分化や細分化が進む一方で、具体的な機能ごとに関与してほしいというニーズが高くなっているともいえます。

例えば、最も簡易なケースでは、プロジェクトの中で定例開催される会議体運営があります。具体的には、準備、会議自体のファシリテーション、議事録作成などです。会議の運営をサポートしているだけに見えますが、実はコミュニケーション管理に含まれる重要な機能です（図1-23）。

こういったPMOの使い方であっても大規模な会議体や頻度によっては、ユーザー企業からすれば利便性を享受できます。もちろん、PMOを提供する側は、専門家として、会議体運営に加えて、会議体そのものや関連するタスクの効率化、課題やリスク管理、方針決定への貢献などで付加価値を発揮する必要があります。

成長企業のPMOの使い方

会議体運営の支援は一例ですが、ユーザー企業からすれば外部に委託する、あるいは外部戦力を有効活用することで、本業や別の価値創造に時間と人的リソースを使えます。

継続的な成長を続けている企業や、業界のトップ企業はPMOの使い方が実に上手です。例えば、ITやDXのプロジェクトとは異なる事業の企画などでも、ルーティーンにあたる業務を切り出してPMOに渡すことで、より多くの企画案に社員のリソースを割くことができます。このあたりは最近のトレンドの1つですが、PMOを使う側の立場で考えてみると、その利用方法、あるいは切り出して任せられる機能にもさまざまなものが存在することがわかります（図1-24）。

36

図1-23　最も簡易なPMOの使い方の例

会議の準備から完了まで

会議体を運営あるいは回しているだけにも見えるが、
実態はコミュニケーションやステークホルダー管理を実現する重要な要素！

図1-24　継続的な成長を続ける企業・トップ企業のPMOの使い方の例 ～事業企画～

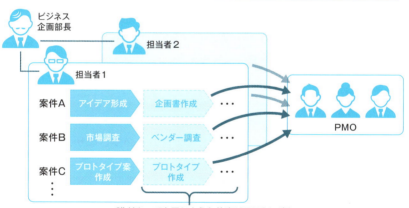

誰がやっても同じような仕事はPMOに渡し、
担当者はより多くの企画を手掛けることや早期の立ち上げに注力する

Point

- PMOの最も簡単な利用方法として、会議体の支援がある
- 成長企業は事業企画などでもPMOを活用して成長を持続する工夫をしている

高まるPMOへのニーズ②
調整役や通訳としてのPMO

1-13 調整役、通訳

調整役としてのPMO

前節で細かい話もしましたが、PMOには調整役や通訳のような役割も求められています。

調整役は、責任者やPMとプロジェクトメンバーのような上下関係、プロジェクト内、プロジェクト間あるいはサブプロジェクト間の横の関係などをつなぐ役割を果たします。特にプロジェクトの立ち上げ時期に関係者が適切なコミュニケーションを取ることは難しいことから、比較的自由に動くことができるPMOがそれらの間を取り持ちます（図1-25）。調整を進めながら意思決定や各会議体のあり方、進め方、参加者、スケジュールなどを責任者やPMとともに決めていきます。

主要な機能である進捗管理に比べると、ステークホルダーとのコミュニケーションは見落とされがちです。多数の歯車に潤滑油を差してスムーズに回すような仕事でもあることから、調整役としてのPMOの能力や経験はプロジェクトの成否に関わってきます。

通訳としてのPMO

調整役を果たすためには、通訳としての能力も必要となります。通訳には大きく2つの側面があります（図1-26）。

1つ目は、責任者やPMとメンバー間、経営幹部と関係者間などの、主に上から下への発信をわかりやすく伝えることです。経営幹部の発言はシンプルであるが故にわかりにくいことがあるので、言葉を付け足す、あるいはどのような前提での発言か、といった情報提供が必要になることがあります。

2つ目は、例えば、工場やIT、法務、経理などにおける専門用語を一般表現に置き換えて誰にでもわかるようにする通訳らしい仕事です。

調整役と通訳は両輪で回すべき役割で、ステークホルダー管理やコミュニケーション管理の具体的な活動の一部にあたりますが極めて重要です。

| 図1-25 | 調整役としてのPMOのさまざまなシーン |

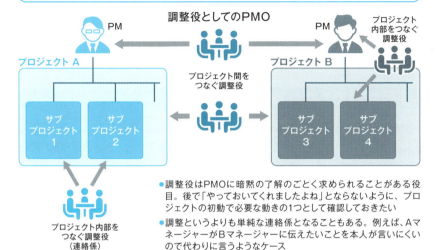

- 調整役はPMOに暗黙の了解のごとく求められることがある役目。後で「やっておいてくれましたよね」とならないように、プロジェクトの初動で必要な動きの1つとして確認しておきたい
- 調整というよりも単純な連絡係となることもある。例えば、AマネージャーがBマネージャーに伝えたいことを本人が言いにくいので代わりに言うようなケース

| 図1-26 | 通訳としての2つの側面 |

経営幹部の発言の通訳

経営幹部の言葉は簡潔過ぎることが多いので、別の理解者からの補足説明があると関係者の動きがスムーズになる

専門用語の通訳

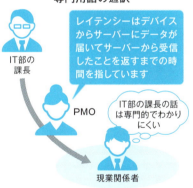

専門用語を誰もがわかる形で補足説明をするのもPMOの重要な役割の1つ

Point

- PMOには調整役や通訳としての役割も求められている
- 調整役や通訳はステークホルダー管理やコミュニケーション管理に含まれる仕事だが重要

1-14

誰もがなれる職種、型

誰もがなれるPMO

未経験者でもなれるPMO

PMOへのニーズはプロジェクトが多様化するとともに高まっていることはお伝えしました。PMOはプロジェクトの推進に、ある種の職人的あるいは技術者のような専門性を持って携わります。

一方で、PMOは未経験者でも教育を受ければ誰もがなれる職種でもあります。**1-10**で整理したように、プロジェクト開始時のスコープとゴールの設定、計画策定、進行中の進捗、課題、リスク、品質、ステークホルダー、コミュニケーション管理などの、基本的な機能の一部から手掛けることもできます。したがって、何か1つでもできることがあれば、多くの人がPMO候補者や予備軍となり得ます（図1-27）。

1-12で取り上げた会議体の運営からスタートしてもよいでしょう。

なりたいと思えば誰もがなれるPMO

つまり、意欲と機会があれば**PMOは誰もが取り組める職種**です。それは、PMOの仕事が多岐にわたってはいるものの、基本的な部分には型があるからです。それらの型を所属企業が持っているノウハウやニーズに応じてカスタマイズして提供することが可能なのです。

第2章以降で詳細を解説しますが、まずは個々の機能について本書をはじめとする書籍やWebで紹介されている記事などを参考にして事前学習をすることで活動に備えることができます。

PMOの仕事には、性別・年齢・学歴などは特に関係ありません。ただし、**実直に、細かい管理業務や定型的な仕事もコツコツとこなせる素養は必要**です。そこには、口だけではなく率先して手を動かすという意味も含まれています（図1-28）。

図1-27　**PMOになるために**

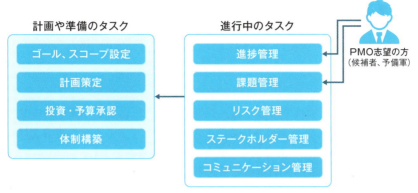

- 最初は進行中のタスクから入るのがわかりやすい。そこで経験を積んでから計画や準備に向かう
- 初動は会議体関連の事務から入ってもよい

図1-28　**PMOの基本は手を動かすことから**

■ 会議体関連のタスク
（コミュニケーション管理）

会議資料の作成

会議でのファシリテーション

議事録の作成

■ プロジェクト管理のタスク

進捗管理

定型的な管理資料のメンテナンス

資料作成

- 改めてビジュアル化してみると、PMOの仕事はコツコツと手を動かして定期的に回していく仕事
- 口よりもまず手を動かすことが重要
- 作成物の種類も多岐にわたるので事務処理能力も必須

Point

- PMOは型があることから誰もがなれる職種
- PMOには細かいマネジメントや事務に対応できる素養が必要

1-15 .... ヒト・モノ・カネ、開始条件

» プロジェクトを立ち上げる

プロジェクト立ち上げ前の整理

　PMO・PMのいずれであっても、プロジェクトには携わります。本節ではプロジェクトを立ち上げるための条件を整理しておきます。**立ち上げに際しては、プロジェクトで何をしたいかを定めるとともに**、次のように、ヒト・モノ・カネの3つの視点で検討するとわかりやすいです。

　ヒト：プロジェクト体制と構成する個人をイメージする
　モノ：プロジェクトの進捗の中で必要な機器・設備や環境
　カネ：プロジェクトの予算や想定される投資額やコスト

　これらの観点すべてを同時に整理するのは難しいですが、プロジェクトの開始時、進行中、終了時点で、それらの状況を確認して進めていきます（図1-29）。

プロジェクトの立ち上げ・開始に向けた準備

　特にプロジェクトの立ち上げや開始時点では、確認を進めてきたヒト・モノ・カネの観点をもとにして、次のような準備を行います（図1-30）。

- **ゴール、インプット・アウトプット、進め方を整理する**
- ステークホルダーからメンバーを選定して**体制や分担を確認する**
- 活動項目であるワークパッケージを整理して**スケジュールを作成する**

　このようにして、プロジェクトの外観や物理的なイメージがつかめるようになったら、計画書などのドキュメントをまとめてから始動します。これらの項目は開始条件とも呼ばれます。

図1-29　ヒト・モノ・カネで整理する～ITプロジェクトの例～

ヒト　プロジェクト体制と構成する個人をイメージする

モノ　プロジェクトの進捗の中で必要な機器・設備や環境

カネ　プロジェクトの予算や想定される投資額やコスト

開始時　→　進行中　→　終了時

開始時、進行中、終了時のそれぞれの時期で、ヒト・モノ・カネを確認

図1-30　プロジェクト開始に向けた準備

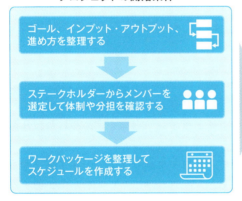

プロジェクトの開始条件

- ゴール、インプット・アウトプット、進め方を整理する
- ステークホルダーからメンバーを選定して体制や分担を確認する
- ワークパッケージを整理してスケジュールを作成する

反映する → プロジェクト計画書
- プロジェクトの定義
- プロジェクト体制
- スケジュール

Point

- プロジェクトを立ち上げる前に、何をしたいかとともに、ヒト・モノ・カネの観点で整理するとわかりやすい
- 立ち上げや開始に向けては、ゴール、インプット・アウトプット、進め方、体制やスケジュールの作成などの準備を行う

1-16 評価軸、品質、期間、コスト

» プロジェクトを管理する

プロジェクトを管理する評価軸

前節でプロジェクトの立ち上げ前と立ち上げに向けた準備の概要についてお伝えしました。本節では立ち上げ後にプロジェクトを管理するという視点で解説します。

プロジェクトを管理する、あるいはマネジメントするためには、どのような評価軸を持って取り組むかが重要です。評価軸としては、品質、期間、コストが挙げられます。いずれもプロジェクト計画書に明記します。

品　質：事前に定めた基準や指標に従って確認する
期　間：当初想定した期間やスケジュール通りに進んでいるか確認する
コスト：予算に対してプロジェクトの実態が合っているか確認する

図1-31に示すように、前節のヒト・モノ・カネやゴールに向けての活動に関連します。

進捗は重要な管理項目

進捗やコスト、リスクは事前にガイドラインや指標を定められれば比較的管理しやすい項目です。

一方で管理が難しいのが品質です。各ワークパッケージの完了基準や進捗を見ながら、どこまでできているか、品質計画に対して進んでいる・遅れているかを定量的に確認します。悪い例としては、感覚的に完了しているなどと判断してしまうことです。完了基準に照らしてチェックできるPMやPMOは意外と少ないものです（図1-32）。

進捗管理をしているとマネジメントができているように感じることがありますが、大切なのはそれらを測る基準や品質をどのように想定するかです。また、同じ観点ではリスクをどのように定義するかも難しいです。

44

図1-31 **評価軸とヒト・モノ・カネの関係**

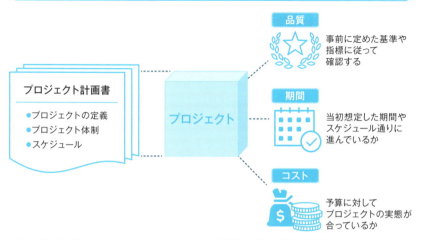

Quality（品質）、Cost（コスト）、Delivery（納期）の観点で捉えてQCDとすることもある

図1-32 **進捗管理よりも実態を示す品質管理が重要**

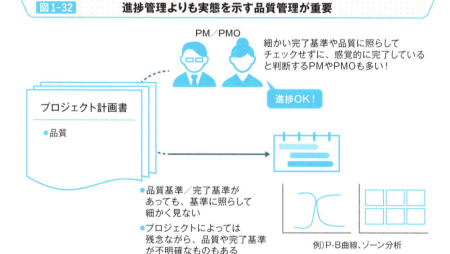

Point

- プロジェクトを管理するためには、品質・期間・コストなどのわかりやすい評価軸が必要
- 品質は感覚的に判断せず、品質計画に対して定量的に確認する

1-17　　　　　　　　　　　　　失敗プロジェクト、終了条件

≫ プロジェクトを終了する

プロジェクトの終了を測るために

　プロジェクトを立ち上げて活動を進めていくと必ず終わりがあります。多くはありませんが、**失敗プロジェクト**として当初の目的を達成することなく道半ばにして終了することもあります。

　終了に際しては、開始時に設定または途中で追加や変更をした**終了条件**があります。終了条件は、次のように大きく3つに分かれます（図1-33）。

- **物理的に見える成果を上げる**
  例：計画していたシステムが出来上がり稼働する、業務やプロセスが変更されて動き出す、DXをサポートするCoEが機能し始める、など
- **成果を示すドキュメントが作成されている**
  例：システム仕様書、業務マニュアル、CoEのガイドラインなど
- **客観的な評価項目をクリアする**
  例：〇〇率の向上、関係者の満足度向上や相当数の支持を得られる、など

　現実のプロジェクトやプログラムでは上記を備えた終了条件が付されます。

完璧である必要はないが失敗は避けたい

　基本的には計画または開始時点に、何ができたら、あるいはどこまでいけば終了かを定めます。終了条件はプロジェクトやプログラムの計画書に記載して関係者の承認を得ます。もちろん、一部に未完了であることが特定できるワークパッケージを残して条件つきや申し送り事項ありで終了するケースもあります。

　失敗プロジェクトと呼ばれる残念なケースでは、上記の観点をすべて満たさないことが多いです。主な理由は**何らかの無理をして進めていたこと**で、それらの原因はいずれも**マイナス表現で語られます**（図1-34）。

46

図1-33　**3つの観点での終了条件**

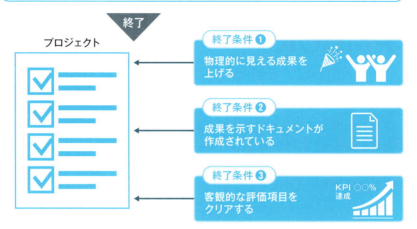

終了条件は上記3つをクリアしたい

図1-34　**失敗するケースの例**

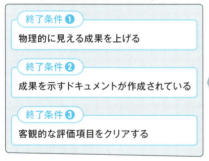

Point

- プロジェクトの終了条件として、物理的な成果、証明するドキュメントの作成、評価項目をクリアすることが挙げられる
- 失敗プロジェクトは当初から無理をして進められていて、マイナス表現で理由が語られることが多い

1-18 PMBOKガイド、ピンボック

» プロジェクト管理標準のPMBOK

プロジェクト管理のガイドのPMBOK

プロジェクト管理のガイドとしては、**PMBOKガイド**（通称：**ピンボック**）があります。PMBOKは、「Project Management Body Of Knowledge」の略です。米国プロジェクトマネジメント協会（PMI）が、プロジェクトマネジメントの知識体系としてまとめたもので日本語版も販売されています。現在は2021年発行の第7版が最新ですが、プロジェクトマネジメントの現場ではすぐに追随できないことから、前身の第6版を参考にして実務が遂行されている現場もまだまだ多いです（図1-35）。

より専門的にプロジェクトマネジメントを学びたい、実践していきたい人は、PMBOKガイドやそれらに準拠した書籍などを読まれることをお勧めします。なお、PMBOKの国際規格版のISO21500シリーズ、JIS化されたJIS Q21500などもあります。

進捗は重要な管理項目

PMBOK第7版では、プロジェクトマネジメントについて、12個の**原理・原則**と、成果を効率的に達成するための8個の**パフォーマンス領域**が示されています。大まかな言い方をすれば、12の考え方を意識しながら、8つの領域でどのようなことを踏まえながら活動していくかが定義されています。12の原則は、スチュワードシップ、チーム、ステークホルダー、価値、システム思考、リーダーシップ、テーラーリング、品質、複雑さ、リスク、適応と回復力、チェンジから構成されています。8個のパフォーマンス領域は、ステークホルダー、チーム、開発アプローチとライフサイクル、テーラーリング、プロジェクト作業、デリバリー、測定、不確実性から構成されています（図1-36）。

少し難しい話になりましたが、プロジェクト推進の現場ではPMBOKの用語を使う人もいるので、機会を作ってガイドや関連書籍などを見ておくとよいでしょう。

図1-35　PMBOKガイド第6版の10の知識エリアと5つのプロセス

10の知識エリア

統合	リソース
スコープ	コミュニケーション
スケジュール	リスク
コスト	調達
品質	ステークホルダー

マネジメントすべき項目が整理されていて、現在も企業や団体でのプロジェクト管理のお手本になっている

5つのプロセス

立ち上げ　計画　実行　監視・コントロール　終結

プロジェクトを計画して実行し、監視やコントロールするのが重要であることを改めて教えてくれている

図1-36　PMBOKの12の原理・原則と8のパフォーマンス領域

8つのパフォーマンス領域

ステークホルダー	プロジェクト作業
チーム	デリバリー
開発アプローチとライフサイクル	測定
テーラーリング	不確実性

10の知識エリアの視点が変わって8つの領域になったと見ることもできる

12の原則

スチュワードシップ	チーム	ステークホルダー	価値	システム思考	リーダーシップ
テーラーリング	品質	複雑さ	リスク	適応と回復力	チェンジ

- 第6版よりも抽象度が高い表現となっているが、DXにも通じる現代的な概念となっている
- スチュワードシップ（Stewardship）は委託されて資産の管理をする企業や人などを指す言葉で、『PMBOK』では、人間としてもきちんとしているリーダー像を示している

Point

- プロジェクト管理のガイドとしてPMBOKがある
- 最新のPMBOKには原理・原則とパフォーマンス領域という考え方がある

やってみよう

身近なところに存在するプロジェクト

第1章の冒頭で、「PMOやPMの個人名が浮かびますか？」という問いかけをしました。

ここでは、身近に存在するプロジェクトについて考えてみましょう。自身が携わっているプロジェクト、または携わってはいないが身近に存在するプロジェクトについて以下の観点で整理してみてください。

	内　容	自分と関連があれば「〇」、なければ「―」を記入
プロジェクト名称		
概要		
目的		
目標／ゴール		
開始時期～終了時期		
責任者		
PM		
PMO		

目的、目標／ゴールは埋まるか？

実際に上記の表を埋めようとすると、意外にも、「目的」や「目標／ゴール」などが空欄になってしまうのではないでしょうか。

特に自分と直接的な関連がないプロジェクトについては、そのような傾向があります。自身が関わっているプロジェクトがある人は、そうでないプロジェクトと情報量に差があるか比較してみてください。

第2章

DXプログラムとプロジェクト

～プログラムを意識して取り組めるか～

2-1　　　　　　　　　　　　　　　　　　　　　　　　　自動化、自律化

≫ DXの始まり

初期のDXの潮流

　DXが2015年頃から始まった動きであることは**1-2**でお伝えしました。当時、次のような2つの大きな潮流がありました（図2-1）。

- **大手金融機関**：AI、RPA、BPMSなどの新しい技術を導入して事務の<u>自動化</u>を目指す
- **大手製造業**：工場にIoTやAIを導入して生産工程や品質管理などの分野で<u>自律的</u>な効率化を目指す

　それぞれのテーマとして挙げられていたのは、AIやIoTなどを導入した自動化や自律化です。自動化は人間の業務をITが代行することで大幅な効率化を実現しました。中には大量の人員削減を目指していた大手金融機関もありました。自律化はAIや分析ツールなどを使って、人間が判断・実行していた業務をITが代行しました。パターン化できている業務から進められましたが、こちらも大きな効率化を実現したのです。

DXと呼ばれていたものの……

　DXとは基本的には効率化の手段として、最新のITあるいはデジタル技術を導入することで自動化する・自律化するということですが、大目標としては人員削減や品質改善・向上などがあります。これは経営的な視点でブレークダウンしてみると興味深いです。

　大手金融機関の例で見てみます。

人員削減 > 自動化 > それらを実現するITの導入（AI、RPA、BPMS）

　改めて整理すると、**初期の時代はDXと呼ばれてはいたものの、その実態は経営的な視点からのデジタル技術の導入ともいえます**（図2-2）。

図2-1　2015年当時の大手金融機関や大手製造業のDX

■ 大手金融機関の例
AI、RPA、BPMSなどの新しい技術を導入して事務の自動化を目指す

■ 大手製造業の例
工場にIoTやAIを導入して生産工程や品質管理などの分野で自律的な効率化を目指す

図2-2　初期のDXは何だったのか？（例）

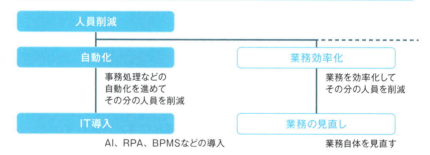

- 人員削減を考える際に、自動化以外にも施策の選択肢はあるが、自動化やそれを実現するIT導入はわかりやすい
- 当時は最新技術の導入もあってDXとして認知されていたが、現在のDXと比べると古い印象がある

Point

- 2015年頃に始まったDXでは自動化と自律化という2つの大きな潮流があった
- 初期のDXは経営的な視点からのデジタル技術の導入でもあった

2-2　　　　　　　　　　　　　　　　　　　　　提供価値の評価

» 現在のDX

DXの意味の変化

　当初はデジタル技術を導入して経営目標の実現を目指す意図で始まった DXですが、その概念が各産業や企業に浸透している現在では意味すると ころが異なっています。

　例えば、2022年9月に経済産業省が発表した「デジタルガバナンス・ コード2.0」の中では、DXを「企業がビジネス環境の激しい変化に対応 し、データとデジタル技術を活用して、顧客や社会のニーズを基に、製品 やサービス、ビジネスモデルを変革するとともに、業務そのものや、組 織、プロセス、企業文化・風土を変革し、競争上の優位性を確立するこ と」と表現しています。つまり、特定の経営課題の解決やデジタル技術の 導入のためだけではなく、**これまでと異なるサービスを生み出す、ビジネ スモデルを変革しながら持続的な成長を目指す**などのような、一層高次元 で継続的な取り組みを指すようになっています（図2-3）。

プロジェクトマネジメントも変わる

　DXの意味が変わってきたことで、プロジェクトや後述するプログラム のマネジメントも変化します。例えば、デジタル技術の導入のような当初 のDXであれば、スケジュールに従って計画通りに導入が進められている かを見ることが重要でした。しかし、新しいサービスやビジネスモデルの 変革を目指す現在のDXでは、計画時点からの変化や差分、活動や成果に おける提供価値の評価などへの考慮も必要となります。言い換えれば、曖 昧さを残しながら進めていく難しい調整が要求されます（図2-4）。

　マネジメントの観点では、ウォーターフォールからアジャイルへプロジ ェクトの進め方やPMの指揮の方法を変えるやり方もあれば、他プロジェ クトやプログラム間の調整はPMOが吸収するやり方もあります。これに ついては**2-5**以降でもう少し具体的に見ていきます。

図2-3　DXの意味の変化

当初のDX
- 特定の経営課題の解決
- デジタル技術の導入

現在のDX

経済産業省「デジタルガバナンス・コード2.0」

目指しているのは、特定の経営課題の解決やデジタル技術を導入するだけではなく、これまでと異なるサービスを生み出す、ビジネスモデルを変革しながら持続的な成長を目指すなどのような、一層高次元で継続的な取り組み

DX：企業がビジネス環境の激しい変化に対応し、データとデジタル技術を活用して、顧客や社会のニーズを基に、製品やサービス、ビジネスモデルを変革するとともに、業務そのものや、組織、プロセス、企業文化・風土を変革し、競争上の優位性を確立すること

図2-4　DXが変わることで、プロジェクトマネジメントも難しくなる

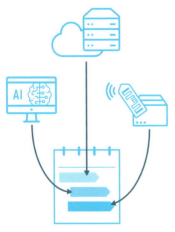

当初のDX
デジタル技術の導入

スケジュールに従って
デジタル技術の導入が進んでいるか

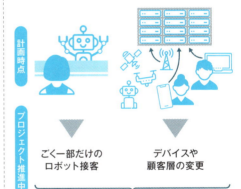

現在のDX
新しいサービスやビジネスモデルの変革

計画時点 → プロジェクト推進中

ごく一部だけのロボット接客／デバイスや顧客層の変更

変化や差分、活動や成果の提供価値の評価も必要

新しいサービスやビジネスモデルの変革はなかなか計画通りには進まない

Point
- 当初のDXはデジタル技術の導入や特定の経営課題の解決からスタートしたが、現在は企業活動の変革に向けた取り組みに昇華しつつある
- DXの変化とともに、プロジェクトマネジメントも変わりつつある

2-3 開発工程、ウォーターフォール

» ITプロジェクトの概要

PMの意味

　本書では主にDXやITのプロジェクトについて解説を進めていきますが、まずはITプロジェクトについて整理しておきます。ITプロジェクトは情報システム開発プロジェクトとも呼ばれ、企業や団体におけるステークホルダーが、目的に対して必要とするものを情報システムで合意して作り上げていく取り組みです。ある程度の規模のシステムであれば**進め方がおおむね決まっていて**開発工程とも呼ばれています。以前から存在する開発手法であるウォーターフォールの例では、工程を簡略化すると次のように分けられます（図2-5）。

　構想立案・企画：目的や期待効果などを整理して概要をまとめる
　要件定義：必要とするものを要件として定義して要件定義書にまとめる
　設計：実現に向けて機能・非機能、方式、構造などのシステム仕様を作る
　開発：仕様を実現するためのソフトウェアとインフラを作る
　テスト：システム仕様やサービス可能なレベルに至っているか検証する
　運用：システムが仕様通りに動作していくように維持や改善を進める

　開発規模が大きい場合には、図2-5の下段のように詳細に工程を定義して進めます。また、ウォーターフォールとは異なる開発手法としてアジャイルなどの進め方もあります。

工程とPMOとの関係

　工程が定まっている場合には、**1-15**のようなヒト・モノ・カネと組み合わせてプロジェクトは進められていきます（図2-6）。したがって、PMやPMOの役割についても早期に明確化できます。**ITプロジェクトは工程が定まっていますが、そこがDXプロジェクトとの違いでもあります。**

| 図2-5 | 開発工程の概要 |

■ 簡略化した例

構想立案・企画 → 要件定義 → 設計 → 開発 → テスト → 運用

■ 詳細化した例

| VP 情報化構想立案 | SP システム化計画 | RD システム化要件定義 | UI ユーザーインタフェース計画 | SS：システム構造設計
PS：プログラム構造設計
PG：プログラミング
PT：プログラムテスト
IT：統合テスト | ST システムテスト | OT 運用テスト・移行 | OM 運用・保守 |

※下の図は、独立行政法人情報処理推進機構、経済産業省「〜情報システム・モデル取引・契約書〜（受託開発（一部企画を含む）、保守運用）（第二版）」をもとに作成

第2章 ITプロジェクトの概要

| 図2-6 | ヒト・モノ・カネと工程 |

ヒト
システムを開発するプロジェクト体制と構成する個人をイメージする

モノ
システム開発で必要なサーバーなどの機器や設備と環境

カネ
システム開発に要する予算、想定される投資額やコスト

要件定義 → 基本設計 → 詳細設計 → …

● ITプロジェクトでは工程が定まっているのでヒト、モノ、カネのイメージがしやすい

それぞれの工程や時期で、ヒト・モノ・カネを確認

Point
- ITプロジェクトでは決まった進め方である開発工程がある
- 工程が明確であるかどうかはDXプロジェクトとの違いの1つ

2-4 .... もの作り、継続的な変革

》 DXとITプロジェクトの違い

DXプロジェクトは多種多様

　前節でも述べたように、ITプロジェクトは情報システムという形あるものを作る、もの作りのプロジェクトです。もの作りをするための工程は、最終的な成果物に関する要求事項を定義して、設計して開発する定型化された工程となります。

　一方、**DXプロジェクトはもの作りだけでは終わりません。**もちろん、従来型の、デジタル技術を活用するシステムの導入≒もの作りで既存のビジネスを変えるというDXプロジェクトも多いです。

　既存のビジネスを変えるDXプロジェクトの例としては、全社的にAIなどの最新技術を容易に利用できるしくみやルールを整備して利用を促進することで、効率化や生産性向上、競合優位性を築くことを目的とするDXプロジェクトなどがあります。このような例も結果として、デジタル技術の1つであるAIの導入が進みます（図2-7）。あるいは、データベースやデータレイクにサービスごとにAPIで接続して、容易かつ迅速にビジネスを拡大する基盤を作り上げることで、売上拡大やビジネスの変化への柔軟な対応を実現するDXプロジェクトなどもあります。

継続的な変革を可能にする

　図2-7で挙げた例は一部ですが、ものあるいはシステムを作ることに重点を置くよりも、現在や将来の変革にも対応可能なしくみや基盤を整備して企業全体のビジネスに貢献しようとするDXプロジェクトが増えています。DXプロジェクトはもの作りだけでなく、変化への対応や、継続的な変革ならびに成長、さらに持続させるしくみを整備しているともいえます（図2-8）。

　先頭集団に位置する企業はデジタル技術の導入でビジネスを変えるだけでなく、その後の変化にも継続的に対応できるような準備を進めています。

| 図2-7 | 現在のDXプロジェクトの例 |

■ 従来の例

デジタル技術を活用した
システムの導入≒もの作り
いったんここで完了する

■ 現在の例

全社的にAIなどの最新技術を容易に利用できるしくみやルールを整備

効率性や生産性向上などを実現

AI導入をさらに進めていく

目指しているのは、容易かつ迅速にビジネスを拡大する基盤を作り上げることやビジネスの変化に柔軟に対応すること

| 図2-8 | DXプロジェクトの変化 |

DXはデジタル技術の導入であるもの作りから次のように本質的な変化をしている

もの作りから変化への対応

変化に対応して継続的な変革・成長を遂げる

持続するしくみまで作り上げる

Point

- ITプロジェクトはもの作りだが、DXプロジェクトはもの作りだけではない
- 先頭集団は継続的な変革に耐え得るしくみや基盤を目指している

2-5   プログラム

プログラムとプロジェクトの違い

プログラムとは?

　DXが浸透していく中で、プロジェクトとともにプログラムという言葉も使われるようになってきました。**プログラムは、複数のプロジェクトを取りまとめたもので、プロジェクトに対して上位の立場となります。**概念上だけでなく、実体として存在します。**1-18**で挙げたPMBOKの第7版でプログラムが解説されたことから浸透が進みました。

　DXではプログラム単位で管理や展開されることも多いのですが、DXが始まった2015年頃は、プログラムという言葉が一般的ではありませんでした。親プロジェクトと子プロジェクト、メインプロジェクトとサブプロジェクトとも呼ばれていました（図2-9）。いずれにしても、以前からプログラムのようなプロジェクトの上位の考え方は存在していました。

PMOが見るポイント

　PMやPMOの視点では、例えばプログラムのPMやPMOなのか、プロジェクトのものなのかを分けて考えることは重要です。

　特にPMOの場合には立場が大きく異なります。各プロジェクトのPMOが**1-10**で述べたように、進捗や課題などの具体的な細かいタスクを見ていくのに対し、プログラムのPMOでは、各プロジェクトの目標に対する到達度を見ていきます。そのため、プロジェクトのPMOとプログラムのPMOは同じように行動しません。

　さらに、各プロジェクトを管理するためには、管理手法をそろえればよいと考えがちですが、**プロジェクトが異なる場合、目的や活動の粒度も含めて一様な管理が難しいともいえます。**そのため、同じように管理するのではなく、**各プロジェクトのゴールやマイルストーンがプログラムのどの位置にいるのかを見ていく**のが基本です（図2-10）。

60

図2-9　プログラムとプロジェクトの違い

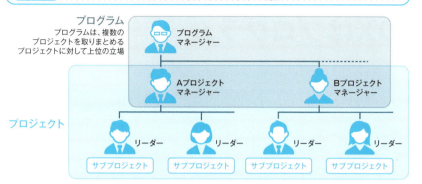

参考：プログラムとプロジェクトの違い

	プログラム	プロジェクト
概要	複数のプロジェクトを取りまとめてプロジェクトに対して上位の立場	プログラムの配下に位置づけられる
規模	超大・大・中	大・中・小
期間	複数年	複数年もあるが1年未満もある
人数	大量	大量もあるが少数もある
経営戦略との関係	直接的	直接的もあるが事業や業務単位もある

図2-10　プログラムの観点でのPMO

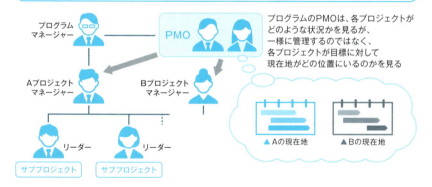

プログラムのPMOは、各プロジェクトがどのような状況かを見るが、一様に管理するのではなく、各プロジェクトが目標に対して現在地がどの位置にいるのかを見る

Point

- プログラムは複数のプロジェクトを取りまとめたもので、プロジェクトに対して上位の立場にある
- 本来、一様に管理することが難しい複数の別のプロジェクトを管理するためには、一様に管理しようとしないことが重要

2-6　　　　　　　　　　　　　　　　総合的な取り組み、並行して走らせる

》 DXはプログラム

現在のDXの取り組み

　前節でプログラムとプロジェクトの違いについて解説しました。ここで、現在のDXの進め方について見ておきます。

　現在のDXは一過性の変革を成し遂げるだけでなく、継続的な変革や変化に柔軟に対応できるしくみを作り上げる取り組みであると**2-4**で述べました。それでは、それらをどのように進めていくのでしょうか。ここでは2つの例を見ておきます。

AI 導入・活用推進の例

　経営や事業の改革としてAIを継続的に全社に導入する例です（図2-11）。❶個々の業務や事業に**AIの導入を推進していく**だけでなく、❷**導入の推進や横展開を図り**、❸さらに**日進月歩で進化するAIを全社的にどのようにマネジメントするかをカバーする**総合的な取り組みです。DXの初期では❶にとどまっていましたが、❷と❸が加わることで、継続的な変革に貢献します。**2-12**で解説しますが、専門家集団がリードしてライフサイクル的に回していくことを、AI CoEなどと呼ぶこともあります。

全社AI導入のような取り組みを並行して走らせる壮大なDXの例

　AIに加えてAPIやクラウド導入・推進などのような取り組みと経営管理の変更を並行して走らせることで、結果的に以前とまったく異なる経営や事業推進を目指すケースもあります（図2-12）。業界のトップ企業などで数年前から進められている現在のDXの代表例ともいえます。

　2つの例を見ると、難しいのは、**実際にDXに携わる立場になった際に、PMやPMOとしての自分がどのプログラムやプロジェクトに属していて、どのような役割なのかを確認すること**です。現在の複雑化したDXの難易度の高さを示しています。

図2-11　DXの例：AI 導入・活用推進

❶ 個々の業務や事業に AIを導入する

❷ 導入を推進、横展開する

❸ 日進月歩のAIをどうマネジメントするか

管理者を置いてこれらをライフサイクル的に回していけば AI CoEになる

図2-12　壮大なDXの例

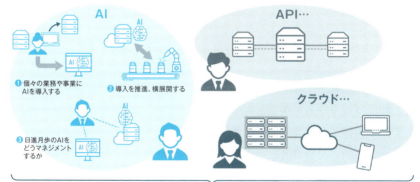

一部の大手企業ではこのようにさまざまなプログラムが並行して走っている

PMやPMOが一人称で自分がどの立場で役割は何なのか、見ることができるか？

Point

- 現在のDXはデジタル技術の導入だけでなく、導入の推進から、日進月歩で進化するデジタル技術のマネジメントまでをカバーする総合的な取り組み
- DXを実行する立場になったときに、自分の役割を定義できているか確認する必要がある

2-7 .... 目指しているゴール、全体戦略と目的

≫ その活動はプログラムでは？

PMがプログラムを意識できない

前節でプログラムの例について解説しました。DXはプログラムとプロジェクトの2階層で進められることも増えていますが、関係者が意外にもプログラムを意識できていないことが多いです。

プロジェクトの上位の取り組みや活動として存在するプログラムですが、認知を得たのはここ数年です。**2-5**でも述べたように、企業や団体でプロジェクトの階層を示す表現は異なっていました。そのため、**どのような位置づけで活動しているか認識が難しいこと**もあります。さらに、個々のプロジェクトがうまくいっていても、それらを統合して管理する発想がないと活動の成果を十分に出すことも難しいです。

プログラムの必要性を確認する方法

ここでプログラムを失念してしまう2つのケースについて整理しておきます。まずはプロジェクトの推進に重点が置かれてしまって、必要性や存在を意識しながらも各プロジェクトを上位から見る観点が薄い例です。この場合、個々のプロジェクトでは成果を上げられても、それらを統合した大きな成果を上げることが難しくなります（図2-13）。

次に、本来プログラムが必要なのに計画時点で失念してしまう例です。これはプログラムとして管理すべき取り組みが、そのようにできていないケースです（図2-13）。

いずれのケースも、プロジェクトの始動時や進行中にプログラムの必要性に気づけます。それは、各プロジェクトで、現在活動していることや目指しているゴールが、活動当初の全体戦略と目的に対して、**どのようにつながっているかを確認すること**でなされます。図2-14のようなイラストで見るとわかりやすいのではないでしょうか。

| 図2-13 | プログラムを失念しやすい2つのケース |

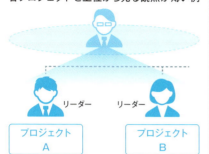

各プロジェクトを上位から見る観点が薄い例

個々のプロジェクトを統合したプログラムとしての成果を得たい
➡ プログラムマネージャーを置きたい！

本来必要なのに計画時点で失念してしまう例

プログラム管理の重要性は意識しつつも計画時点でしなかった……
➡ 後追いで憲章作成や計画を行うべき！

| 図2-14 | プロジェクトの始動時や進行中に確認する方法 |

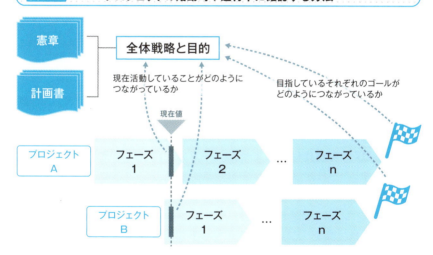

Point

- プログラムが必要なケースでも当事者には意識できないことが多い
- 各プロジェクトの進行中にプログラムの必要性を認識するためには、各プロジェクトで目指すゴールが、活動当初の全体戦略と目的に対して、どのようにつながるかを確認する

2-8 ゴール

プログラムのゴール

プログラムの設定の例

　プログラムの**ゴール**は「○○のようなDX経営の実現」などのように抽象的な表現になっていることも多いです。大手企業の全社的なDXでは3から5つの目指すべき柱があります。それらをまとめようとする概念と実体を結びつけることは難易度が高い活動となります。

　例えば、DXで経営を変革して持続的な成長や変化に対応していくという目標を掲げ、データドリブン経営、業務・プロセス変革、働き方改革のような3つの柱で実現を進めていくとします。企業規模にもよりますが、このようなケースでは、実は**プログラムは1つ1つの柱となります**。例えば、データドリブン経営を目指すプログラムを設定して、その配下にいくつかの業務やITのプロジェクトが配備されます。この関係は、その他の柱である業務・プロセス改革や働き方改革でも同様です（図2-15）。

管理単位としてのプログラム

　それぞれのプログラムは横の関係、つまり連携しなければ、最上位の目標であるDXの実現には至りません。一方で、各プログラムは独立して進められます。 これがプログラムを設定する際の秘訣です。つまり、管理単位、言い換えれば管理できる活動としての最上位がプログラムです。DXをプログラムに設定した場合、3本柱はそれぞれプロジェクトとなります。例えば、業務・プロセス変革を多数の事業ならびに業務を有する大企業で成し遂げようとした場合に、1つのプロジェクトとして管理することは困難です（図2-16）。

　このように、抽象度がやや高くなる経営改革の活動では、どこがプログラムかを認識して進めることが極めて重要です。このケースでは3本柱のそれぞれがプログラムです。

| 図2-15 | DXの例 |

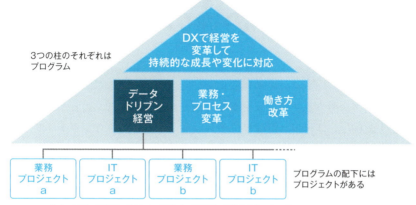

- 成功、目的、目標に向けて、何らかの活動で構成されている
- それらの活動が計画通り、あるいは一定の基準より上の成果を上げる必要がある

| 図2-16 | 最上位の管理単位がプログラム |

Point

- DXによる経営変革では、その柱となる活動がプログラムとなることが多い
- プログラムは連携しなければ、最上位の目標の実現に至らないが、一方で各プログラムは独立して進められる

| 2-9 | 達成状況、到達度合い |

プログラムとプロジェクトの マネジメントの違い

管理するものの違い

前節でプログラムとプロジェクトでは、ゴールや管理単位が異なることを述べました。ゴールと管理単位が異なることから、マネジメントに関しても違いがあります。

プロジェクトに対するマネジメントは、**1-10**で述べたように、プロジェクトを構成するワークパッケージを対象に、進捗を基本として、関係者のコミュニケーション、課題、品質、リスクなどの管理が中心となります。

対して、プログラムではプロジェクトをまとめる上位の活動です。プロジェクトごとのゴールに向けた達成状況の管理と**それらを統合した現在地の把握がマネジメントの中心**となります（図2-17）。

プログラムの管理に必要な区切り

各プロジェクトの達成状況を管理するためには、計画の段階でフェーズやステージのような段階的な区切りについて検討しておく必要があります。プロジェクトであれば、ワークパッケージの完了を見ていけばよいのですが、プログラムでは、そのまま進めて目標にたどり着けるかの到達度合いを重視します。到達度合いは計画時点で設定した固有の段階や区切りに基づいて管理します。

具体的には、次の2つの視点から定期的なチェックをします（図2-18）。

❶**戦略や目標、目的との整合性**：戦略に沿った活動ができているか
❷**体制やコミュニケーション管理**：適切な体制や人材で構成されているか

計画通りに進まないケースとして、❶の整合性が取れていなくて活動がズレている、あるいは、❷の体制面で機能していないケースが挙げられます。

これらは多くのPMやPMOが経験していることではありますが、口に出して整理するのはなかなか難しいです。

図2-17　プログラムのマネジメントの中心

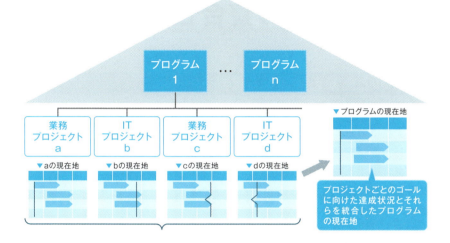

図2-18　プログラムで求められる定期なチェック

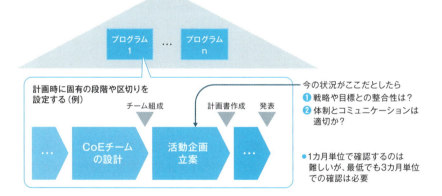

> **Point**
>
> - プログラムでは、プロジェクトごとのゴールに向けた達成状況の管理とそれらを統合したプログラムの現在地の把握がマネジメントの中心
> - 各プロジェクトの達成状況を管理するためには、計画段階で段階的な区切りを検討しておく必要がある

2-10 目標施策体系図、KGI、CSF、KPI

目標と施策の整合性

ゴールと施策を整理する資料

　プログラムやプロジェクトのゴールを確認する、あるいは定めるには、**何をすればゴールにたどり着けるかを示すこと**が重要です。その手段の1つとして目標施策体系図があります。これにより、経営者の示す方針とそれらを実現する施策を整理でき、それぞれの施策がどのようなルートで経営方針やDX・ITプログラムやプロジェクトの方針にたどり着くかを表せます。

　図2-19では、わかりやすさのために、食品スーパーのITプロジェクトの例を示しています。

PMやPMOは作成できるようになろう

　目標施策体系図は、最上段の上位目標に対する下段の具体的な施策までを整理できます。作成を進めていく中でそれらをつなぐ、KGI（Key Goal Indicator：重要目標達成指標）や課題、CSF（Critical Success Factor：重要成功要因）ならびにKPI（Key Performance Indicator：重要業績評価指標）も確認していきます。

　これらの指標や基準がないと、きれいな言葉を並べただけの資料になってしまいかねません。上位目標に対して、上下だけでなく横に漏れなく展開できるかもポイントです。また、KPIは具体的な数量や達成率などで表現するのが難しいときもあります。その場合には、存在しなかったものが出来上がったかを示す、あるいは、1（イチ）と0（ゼロ）などで表現することもあります（図2-20）。

　目標施策体系図はDXやITの活動を進めるうえでの図面に相当することから、経営幹部と主要関係者などが合宿をして作成することもあります。**PMやPMOが活動開始前の準備のフェーズで、作成をリードすることもあります。**

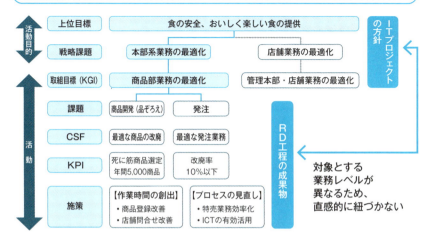

図2-19 食品スーパーのITプロジェクトにおける目標施策体系図の例

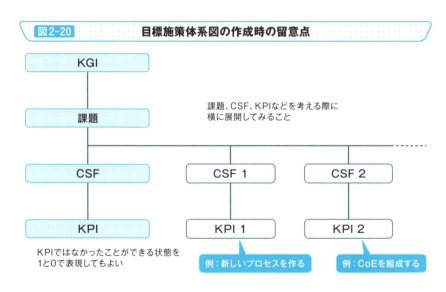

図2-20 目標施策体系図の作成時の留意点

Point

- ゴールに何をすればたどり着けるかを示す資料として目標施策体系図がある
- PMやPMOは目標施策体系図を作成できることが望ましい

2-11　プログラム憲章、プロジェクト計画書

》 憲章や計画書を作成する

憲章と計画書の違い

　プログラムやプロジェクトの開始に際して、ゴールや活動内容を事前に取りまとめて明らかにする文書を作成します。プログラムは**プログラム憲章**、プロジェクトは**プロジェクト計画書**です。プロジェクトでも憲章と計画書を分けることもありますが、その場合、憲章は、実現したいこと、目的、背景、効果、計画（スケジュール）、体制などの基本的な項目から構成されます（図2-21）。根幹の考え方や概念的な記載に重点が置かれることが多いです。

　一方、計画書は具体的にどのようなプロセスやマネジメントでゴールに至るかの詳細を記載します（計画書については**5-10**で解説します）。

　作成のタイミングとしては、憲章は活動開始時または開始前、計画書はITプロジェクトを例とすると、要件定義前に初版を作成して、要件定義後に初版を修正した最終版とするなどのように、計画が変更となるタイミングで修正します。

プログラムは憲章が多数派

　ITプロジェクトは作るものが目に見えてわかりやすいので、憲章と計画書の両方を作成できます。ITプロジェクトでは、憲章は目指すシステム、目的、背景、リーダーとステークホルダーなどを整理して、関係者に検討を促し、プロジェクト推進のための事前承認を得る際に使用する文書としての役割を果たします。

　一方、**DXでは、初動で具体的な計画に落とし込むのは難しいことから、最初に憲章のみを取りまとめて、計画書を作成しないこともあります**（図2-22）。憲章と計画書は、法律でいえば、日本国憲法と民法などの具体的な各法律のような違いがあります。

| 図2-21 | 憲章と計画書の概要 |

憲章
- 実現したいこと
- 目的
- 背景
- 効果
- 計画（スケジュール）
- 体制

などの基本的ではあるが関係者が最初に共通認識を持つべき項目が並ぶ。可視化して共有することに意義がある

企画書
- 具体的にどのようなプロセスやマネジメントでゴールに至るかの詳細を記載する
- 計画書に憲章の内容が含まれることも多いので計画書は憲章を兼ねることができる
- 計画書については **5-10** で詳細を解説

| 図2-22 | 憲章と計画書の関係性 |

ITプロジェクト

憲章 →具体化→ 企画書
- 目指すシステム
- 目的
- 背景
- リーダー
- ステークホルダー
など

- 関係者に検討を促し、プロジェクト推進のための事前承認を得る際に使用する文書としての役割を果たす
- 作成しないで企画書からスタートすることも多い

DXプロジェクト

憲章　企画書
- DXの目的
- 背景
- 目標
- 取り組み内容
など

- DXの場合には初動で詳細に落とし込めないことが多いため、憲章は作成しても企画書までは作成しないこともある

Point

- プログラムやプロジェクトを開始するにあたって、プログラムは憲章、プロジェクトは計画書を作成する
- DXでは最初に具体的な計画を作成するのは難しいことから憲章で整理することが多い

2-12　CoE

増えつつあるCoEとその役割

CoEとは何か?

DXとともに広まってきた言葉として**CoE**があります。CoEはCenter of Excellenceの略称で、**企業・部門・組織を横断して進める取り組みの中核となる組織**をいいます。難易度の高いゴールや目標に向けて、企業やグループ内に散らばっている優れた人材やノウハウなどを集めた組織を意味します（図2-23）。

CoEは直訳すると、中核の研究拠点となりますが、もともとはアメリカの大学が活動内容や地位を高めるために、全土から優秀な人材を集める・最新の技術を導入し、中核の研究拠点を作ったことが始まりとされています。DXとともにCoEという言葉が頻繁に使われるようになった背景には、企業や団体が総力を挙げて人材やノウハウなどを結集して取り組む難易度の高い取り組みということがあります。

CoEとDXの親和性

DXのCoEは必ずしも部や課などの物理的な組織である必要はありません。それがCoEの普及の理由でもあります。次のような役割を果たします（図2-24）。

❶ 戦略や企画の立案・推進：全社的にAIの導入を推進してDXを支援する、営業活動をこれまでとまったく異なる形で行う
❷ 企画を実行するプロセスの構築：企画だけでなく施策の推進、継続的な活動ができるようにプロセスを構築する
❸ CoE人材による変革の継続：CoEを経験した優秀な人材が自身の所属する組織や関連する組織でリーダーとなって変革を進めていく

CoEは活動を開始して終了ではなく、❸のように**CoEを経験した中核人材が触媒となって活動を全社に広げていく**意味合いもあります。

| 図2-23 | CoEのイメージ |

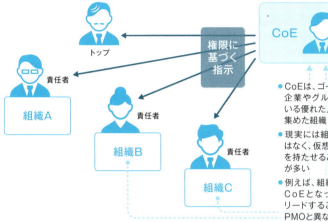

- CoEは、ゴールや目標に向けて、企業やグループ内に散らばっている優れた人材やノウハウなどを集めた組織
- 現実には組織を新たに作るのではなく、仮想の組織に一定の権限を持たせることで進めていくことが多い
- 例えば、組織BやCのメンバーがCoEとなって特定のテーマでリードすることもある。この点はPMOと異なる

| 図2-24 | CoEの役割 |

❶ 戦略や企画の立案・推進の例
全社的にAIの導入を推進してDXを支援する、営業活動をこれまでとまったく異なる形で行う

CoEをマネジメントするのはCDO、CIOやそれに準ずる権威ある人がよい

- すべての領域で幅広く専門的な人材は少ないので、さまざまな領域から専門家を集めて組成する
- 仮想的なチームで業務部門との兼務や承認されていれば自発的なメンバーの集まりでもよい

❷ 企画を実行するプロセス構築の例
企画だけでなく施策の推進、継続的な活動ができるようにプロセスを構築する

❸ CoE人材による変革の継続
CoEを経験した優秀な人材が自身の所属する組織や関連する組織でリーダーとなって変革を進めていく

Point
- CoEは企業・部門・組織を横断して進める取り組みの中核となる組織
- CoEを経験した人材が触媒となる、あるいは優秀な人材がCoEとなって牽引することもある

2-13　　　　　　　　　　　　　　　　　　　　　　　多様性、専門性

》 DXのチームビルディング

DXでは多様なメンバーが求められる

　前節のCoEも参考として、DXの取り組みをリードする、あるいはマネジメントするチームについて考えてみます。

　DXプロジェクトはデジタル技術の活用、業務やビジネスの変革、経営や意思決定の変革などのさまざまな目的と要素から構成されます。したがって、それらをリードするメンバーにも多様性が求められます。

　例えば、新たなIT導入や、業務を変革するための新システムの導入などのITプロジェクトであれば、対象の業務に携わっているメンバー、システムエンジニアやプログラマー、それらを統括する責任者など、特定の専門性を有する人材からプロジェクトチームが構成されます（図2-25）。

企画、リーダーシップ／コミュニケーション力、分析思考が必要

　DXでは、上記に加えて次のようなスキルや経験を備えた人材が求められます（図2-26）。

- **企画・事業推進力**：企画や事業を推進できる、したことがある
  ⇒未経験な活動の内容を検討して前に進めるための経験者が必要
- **リーダーシップ／コミュニケーションスキル**：過去に一部でもリードした経験がある、コミュニケーション力が高く関係者を動かせる
  ⇒関係者とコミュニケーションを図り、巻き込んでいくため
- **分析・思考力**：第三者視点で分析や状況判断ができる
  ⇒定期的に状況を確認して活動の変更も想定して正確な分析が必要

　上記のようなスキルを備えている、もしくは素養がある人材を集められなければ、外部の人材を活用することもあります。これがDXでPMOの活躍の場が広がった理由でもあります。

| 図2-25 | **ITプロジェクトのメンバーの特徴** |

責任者　プロジェクトを統括する

対象の業務に携わっているメンバー

システムエンジニア (SE)

プログラマー (PG)

業務を運営する役割　　　　　システムを作る役割

ITプロジェクトではよくあるメンバー構成

| 図2-26 | **DXプロジェクトのメンバーの特徴** |

マネジメント

責任者　プロジェクトを統括する

リーダーシップ／コミュニケーションスキル

企画・事業推進力　　　　　　　　　　　　　分析・思考力

 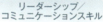

企画や事業を推進できる、したことがある

過去に一部でもリードした経験がある、コミュニケーション力が高く関係者を動かせる

第三者視点で分析や状況判断ができる

対象の業務に携わっているメンバー　　システムエンジニア (SE)　　プログラマー (PG)

現場

Point

- DXプロジェクトはデジタル技術の活用、業務やビジネスの変革、経営や意思決定の変革などを目的とするので、リードするチームにも多様性が求められる
- ITプロジェクトの人材に加えて、企画力、リーダーシップ、分析思考などを備えた人材が求められる

2-14　　外部人材

》外部人材とのすみ分け

外部人材の供給元

　ここまで、PMOやPM、プログラムとプロジェクトの概要をお伝えして
きました。実際に進められている各企業でのプログラムやプロジェクトの
活動は、企業に所属する社員だけではなく、外部人材を上手に活用して進
められています。外部人材の供給元としては以下となります（図2-27）。

❶コンサルティングファーム
❷ITベンダー
❸個人・フリーランス

　❶と❷が多数派ですが、❸を活用する企業もあります。PMOやPMの機
能を明確にできるケースや、以前から実績があって信頼できる個人を押さ
えているケースです。
　近年の傾向としては、ITのみでなくさまざまな活動が増えていることか
ら、❶のコンサルティングファームの人材活用が増えています。

外部人材活用の判断基準

　企業や団体の立場で外部人材を有効活用するためには、社員などの自社
戦力と外部人材とのすみ分けや役割分担を明確にする必要があります。あ
るいはPMは自社、PMOは外部などのように、役割や職種で分けた方がわ
かりやすいこともあります。
　外部人材を活用する判断基準としては、①全体の体制の中で位置づけが
想定できるか、②AさんはPM、B・CさんはPMOのように具体的な役割
を定義ができるか、③プロジェクトの進捗、課題、リスク、品質管理など
の期待する機能を示せているか、などが挙げられます（図2-28）。①から
③までを明確にして外部人材の活用を検討します。

図2-27　外部人材の供給元の例

	共通のメリット	活用状況	強み
❶コンサルティングファーム	外部に託すことでPMやPMOの機能を明確にできる	多数派	さまざまかつ広範囲なプログラムやプロジェクトに比較的強い
❷ITベンダー		多数派	ITプロジェクトに強い
❸個人・フリーランス		少数派	以前から実績がある人材としての信頼

- 実態としてはコンサルティングファームが多いが、実績を積んだ個人やフリーランスも増えつつある
- 派遣会社や契約社員なども含めると供給元は多様化しながら外部人材の絶対数は増えていく

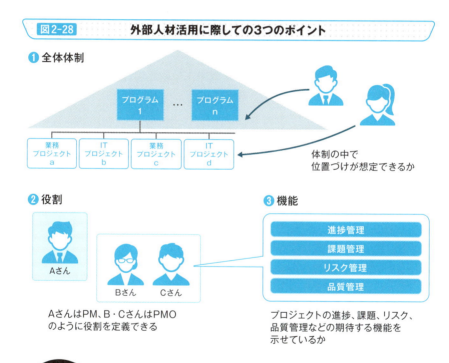

図2-28　外部人材活用に際しての3つのポイント

❶ 全体体制

体制の中で位置づけが想定できるか

❷ 役割

AさんはPM、B・CさんはPMOのように役割を定義できる

❸ 機能

プロジェクトの進捗、課題、リスク、品質管理などの期待する機能を示せているか

Point

- 外部人材の供給元としては、コンサルティングファーム、ITベンダー、個人・フリーランスが挙げられる
- 外部人材を有効活用するためには、自社戦力と外部人材とのすみ分けや役割分担を明確にする必要がある

やってみよう

プログラムはあるか？

　第2章ではプロジェクトに加えて、プログラムについて見てきました。複数のプロジェクトを取りまとめる概念や活動としてプログラムがありますが、プログラムは企業の中期経営計画を構成する項目であることも多いです。
　ここでは、経営戦略からプログラムを導き出すことをやってみます。

中期経営計画≒プログラム

　自身が所属する企業や団体の、経営戦略、中期経営計画、具体的な施策の3階層で検討します。下図の3階層のピラミッドに書き込んでみましょう。
　□の上段には例がありますが、下段の「　」内に整理できた内容を書いてみてください。

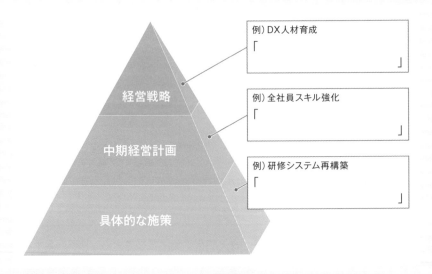

　具体的な施策は1つだけでなく、複数挙げられるとよりわかりやすくなります。**3-6**では別の例で解説します。

第3章

DXプロジェクトでの役割

〜型のない活動でもやるべきことは同じ〜

3-1 .... どこに位置づけられる、当事者意識

» DXでのPMOの役割

DXのPMOの第一歩

　ここまで、PMOとPM、DXとITプロジェクトやプログラムの概要について述べてきました。本節では主にDXにおけるPMOの役割について解説します。

　DXにおいてPMOは、**横軸に展開するようなさまざまな活動がある**とともに、プログラムとプロジェクトの関係のような**経営から事業や業務の具体的な施策に至る縦軸の関係**もあります。このような活動の場合は、縦と横の活動の中で組織や個人が**どこに位置づけられる**か、どのような役割で取り組みを進めていくか、現在地とゴールへの距離感も把握しながら次の打ち手を考えるチームが必要です。抽象的ではありますが、これがDXにおけるPMOの役割の第一歩です。

　プログラムやプロジェクトはいったん進水すると、想定通りには進まないことが多く、関係者は横軸と縦軸における自らの位置を見失いがちです。PMOは第三者視点で冷静に確認する必要があります（図3-1）。

当事者の視点や当事者意識を持つ

　また、PMOはプログラムやプロジェクトにおける進捗、課題、リスク、品質などの基本的な管理をしますが、関係者間でコミュニケーションができるように触媒のような役割も果たします。プロジェクトリーダーとともに、DXのプログラムの責任者に定期的な状況報告をして適切な判断ができるようにします。このような役割も果たすことから、体制図で表現されるPMOは第三者のように右側に張り出したような図になります（図3-2）。

　実際にPMOとしてDXを回す立場となったときに気をつけなければいけないことがあります。それは、第三者視点に加えて当事者の視点や**当事者意識**を持つことです。DXは未知の活動も多く企業や団体にとって不慣れなこともあって、悩みながら手探りで進められます。そこで何に悩んでいて、どうしたいかを当事者の立場で理解して語れることが成功の秘訣です。

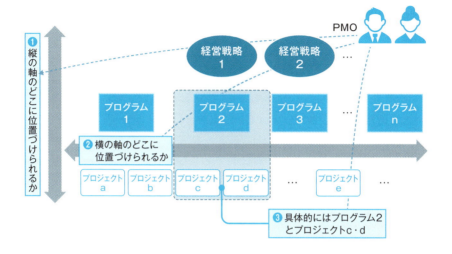

図3-1 縦と横を第三者視点で捉える

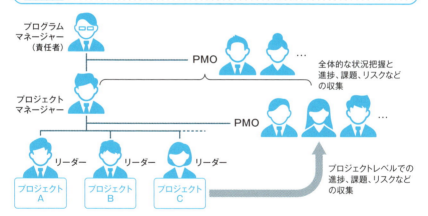

図3-2 DXのPMOの位置づけと体制図

- 本図ではPMOを2階層にしているが、1階層の場合もある
- PMOは体制図のような第三者的な視点と、さらに各担当者や当事者のような視点の両面を持って取り組むのが望ましい

Point

- DXのPMOは縦と横に展開される活動を第三者視点で把握すべき
- DXではPMOが当事者意識を持って活動を理解することが成功の秘訣

推進体制の検討

誰がPMになるか？

DXでのPMは、企業でいえばCDO（Chief Digital Officer）やCIO（Chief Information Officer）が立つことが多く、部長級以上が大半です。全社DXのような大規模な場合には、責任者としてCEOがいて、その配下にCDOやCIOがPMを担う体制もあります。DXの意味するところが経営改革であれば経営トップが責任者となります（図3-3）。

いずれの体制であっても、DXにおけるPMにはプログラムやプロジェクトを牽引する強いリーダーシップが求められます。

体制図を作成する

責任者やPMだけでなく、DXの具体的な中身を設計して活動を実現していくメンバーも重要です。責任者やPMに続いて、それらを支える体制を設計します。複数のプロジェクトやプログラムが必要となる活動では、基本的な考え方ではありますが、あるべき体制から設計します。

その際に、まずは既存の体制をもとに整理してみます。関連する実際の活動に基づいて責任者、PM、各プロジェクトのリーダーやサブリーダーなどを体制図で可視化します（図3-4）。もちろん、企画や準備段階であれば想定での作成となります。

人名と役職、プロジェクト名などの具体性のある記述を加えて作成を進めていきますが、図3-4の例はきれいな図で特に問題はないように見えます。

ところが、現実にプログラムやプロジェクトを回していくと、メンバー各自の権限や責任、関与や参画の度合いなどが状況に応じて変わってきます。このようなきれいな図のようには機能しない、あるいは実態に沿わなくなることがあります。この点は次節で掘り下げてみます。

図3-3　DXのPMの例

責任者がPMを務める

DXが全社的なプログラムであることから高いポジションの人が責任者やPMを務める

責任者兼PM：CDO
(Chief Digital Officer)

責任者兼PM：CIO
(Chief Information Officer)

- 責任者がCDOやCIOでそれらに準ずる立場の人がPMとなることもある
- 社内的に認められている人がなることが多い

PM：部長級以上が大半

トップが責任者で配下にPMを設置する

トップが責任者として立つことでDXプログラムの重要性を内外に示す
（全社DXのように大規模な場合など）

責任者：CEO

PM：CDOまたはCIO

図3-4　既存の体制から整理する例

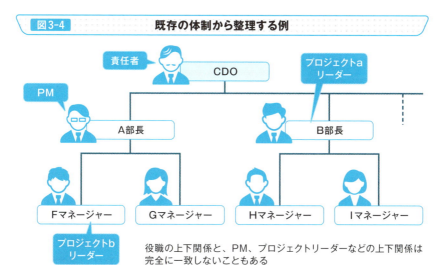

役職の上下関係と、PM、プロジェクトリーダーなどの上下関係は完全に一致しないこともある

Point

- DXではCDOやDIOがPMや責任者として立つことが多いが、経営トップが務めることもある
- 既存の体制やあるべき体制を体制図で可視化する

3-3　　　　　　　　　　　　　　　　　アライアンスチャート、体制図

≫ 体制の機能と組み立て方

影響力や関与度合いを示すチャートを作成する

　体制が機能しているかどうか、その実態を確認するために、個人の影響力や関与の度合いを示すチャートの作成をお勧めします。

　ここで紹介する**アライアンスチャート**は、企業提携や統合などで利用するチャートですが、図3-5のように、点線の楕円でプロジェクトやチームの単位を示すとともに、影響力と関与している数量に比例して、各人物を楕円印の大きさで表しています。中核となる企業やキーパーソンなどを示したい場合、人名と体制を構造的に見たい場合にも利用できます。この例ではA部長とFマネージャーが2つの点線の楕円にかかっていることから、キーパーソンであることがわかります。Fマネージャーは、前節の図3-4の体制図では上位に位置していません。したがって、図3-5のような現実の影響力や参画度合いから、図3-4で作成した**体制図**の変更を検討して、適切な体制構築に向けて進めていきます。

　手順としては、図3-4⇒図3-5⇒図3-4に戻る形となりますが、適宜、構造的な体制の整理をして確認をします。

有効な会議体を設計する

　PMやPMOは体制の設計ならびに構築に加えて、どのような会議体を設計して運営していくかなどに至るまで気を配る必要があります。コミュニケーション管理の観点からも、**会議体の設計と運営は非常に重要で、プログラムやプロジェクトを前進させる歯車のような役割を果たします。**

　例えば、プログラムを取りまとめる全体会議、プロジェクトをまとめるプロジェクト会議、そして中間に重要な複数のプロジェクトをまとめるテーマ会議を設置する、などのように、全体会議を最上位として階層構造を明確にします。会議体がいたずらに多くなることや、無駄な会議体を設けることは全体効率を下げることになるため、PMやPMOはそれらにも配慮して会議体を設計します（図3-6）。

86

図3-5　アライアンスチャートで表現する例

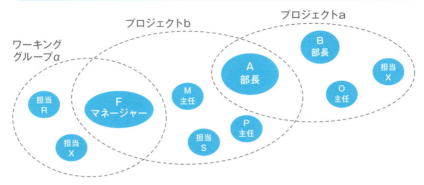

- アライアンスチャートでは企業グループや連携している企業群を点線で囲み、個々の企業を楕円などで表現することがある。ここでは、点線でプロジェクトを、楕円は個人に置き換えている
- 各プロジェクトやワーキンググループのリーダー的存在、リーダーを務めている数などで人物ごとにサイズや色を変えて表現してみると実態ならびに影響力がわかりやすい
- 複数のプロジェクトやワーキンググループに関与しているA部長とFマネージャーはキーパーソンにあたる

図3-6　会議体の設計

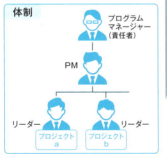

- 会議体は初物の取り組みを前に進める歯車のような役割を果たす
- 明確な階層構造や関係を示すとともに多過ぎないこと
- 最上位のプログラム全体会議に対して、テーマ会議は重要な歯車となっている

Point

- 構造的に影響力や関与度合いを示すチャートを作成して、体制の見直しも行う
- 会議体はプログラムやプロジェクトを前進させる歯車のような存在

3-4 ·· ファシリテーター、決まり文句

》 会議体の運営

ファシリテーターの役割

　プログラムやプロジェクトを進めるうえで会議体が必須であることを述べました。会議を運営するときには、誰がファシリテートするかで効率性や目的の達成度が変わってきます。PMOやPM、プロジェクトのリーダーやサブリーダーなどがその役割を担います。**1-12**でPMOが会議体の運営や議事録の作成などを行うこともあると解説しましたが、ファシリテーターとなることもあります。

　ファシリテーターの役割は、基本的には会議そのものを回すことになります。主な働きは次の通りです。

- 当日のゴールの確認
- （前回の）アクションアイテムの状況の共有
- 当日の各議題の進行
- 決定事項やアクションアイテムの確認とその他留意事項の整理

　上記の項目自体は難しくありませんが、司会進行を務めながらさばいていくので多少の訓練は必要です。特に参加者が多い会議体や経営幹部などが参加する際には気も使います（図3-7）。一方で**会議をコントロールできればプロジェクトの進行を部分的ではあるものの操作することもできます**。

話法と決まり文句を押さえる

　会議の進行では、決まり文句などを織り交ぜた基本的な話法が必須です。今後ファシリテーターを務める可能性がある人は、図3-8に実際の会議体でのお決まりのフレーズ例を挙げたので参考にしてください。PMOやPMはファシリテーターとなることが実際にあるため、日頃から心の準備はしておく必要があります。

| 図3-7 | ファシリテーターがすること |

アジェンダに基づく、
- ゴールの確認
- アクションアイテムの状況の共有
- 各議題の進行
- 今後のアクションアイテムの確認とその他留意事項の整理

事前準備
- アジェンダ作成
- 関連資料作成
- 根回し（必要な場合）

会議
ファシリテーター
参加者

事後処理
- 議事録作成
- 議事録配布
- アクションアイテム管理（必要な場合）

- 本節では会議のファシリテートにフォーカスしているが、実際には事前準備と事後処理もある
- 議事録は、①要約版、②一語一句を書き留める詳細版（会議録画・録音やAIにいずれ代わると考えられる）、③ToDo中心などのタイプがあり、大半は①の要約版

| 図3-8 | 決まり文句の例 |

ファシリテーター

通常はファシリテーターは1名だが、分担して2名などで行ってもよい

❶冒頭挨拶
それでは、○○会議を始めます

❸活性化や合意形成例
- 本件に関して、××部長いかがでしょうか？
- 本件についてはこれまで通りに進めていくということでよろしいでしょうか？
- その他よろしいでしょうか、全体としてよろしいでしょうか（議題ごとに確認する）

❷アジェンダの確認
本日のアジェンダですが、
△△、□□、○○を予定しております。
その他に追加する議題はありますでしょうか？

❹クロージング
- アクションアイテムや次回に向けて
- （参加者に向けて）全体を通じてよろしいでしょうか？
- （責任者に対して）××部長よろしいでしょうか？

- ファシリテーター初心者は上手な人をマネることから始めてもよい。慣れてきたら自分のカラーを出すようにする
- きびきびバシバシしたファシリテーターはスムーズな進行ができるが、参加者は意見が言いにくい。のんびり丁寧なファシリテーターだと意見は言いやすいが、トータル時間はかかる。つまり、メリット・デメリットも踏まえながら自分らしく進めるのがポイント

Point

- PMとPMOは会議を運営するファシリテーターを務める可能性がある
- ファシリテーターは会議をコントロールできるのでプロジェクトの前進に貢献できる

3-5 ·········· ワークショップ、ブレイン・ストーミング、デザイン思考

» ワークショップの運営

会議にはワークショップ形式もある

　前節では会議体の回し方について解説しました。アジェンダや議論する項目など、パターンが決まっている会議であれば前節のような対応でリードすることが可能です。一方で、関係者で集まって討議をして結論を出していくような会議もあります。複数名で集まって討議することは**ワークショップ**と呼ばれています。ワークショップは参加者で形成されるグループの議論による相互作用の中で、学び合うことや刺激を受けるなどの双方向的な学びと創造のスタイルです。DXの取り組みで新しいアイデアやビジネスの要件をまとめていく際にはワークショップ形式でプロジェクトが進められることがあります。

　ワークショップの中では、**ブレイン・ストーミング**と呼ばれている自由にアイデアを出し合い、多様な発想を誘発する技法が用いられます。図3-9のような簡単なルールと手順などを定めて、自由な意見を出し合いますが、**ファシリテーターはこのようなケースの手順も理解して進行をする必要があります。**

一層高度な進め方と専門性

　さらに専門的なワークショップの進め方としては、**デザイン思考**があります。デザイン思考は、デザイナーなどの仕事の進め方をベースとした5つのステップで構成されています。共感、定義、創造、試作、検証のステップから構成されているこの方法には、ユーザーの思考を徹底的に追及することとニーズの本質を定義する特徴があります（図3-10）。

　本節では、**ワークショップの進め方を例示しましたが、このような方法と手順があることを事前に理解して本番で行う**とファシリテーションの専門家として参加者の目に映るでしょう。もちろん、ワークショップで実際にファシリテートする場合には事前の入念な準備や練習が必須です。ぜひ、使えるようにしておいてください。

図3-9　ブレイン・ストーミングの手順の例

❶ カードの記入方法を説明する
❷ ブレイン・ストーミングの進め方を説明する
　ブレスト5か条を再確認する
❸ テーマに対して1人5枚のカードを5分で作成してもらう
❹ 出てきたカードをファシリテーターが読み上げて全員で
　内容を共有する
❺ 必要に応じて❸〜❹を繰り返す（ラウンド2へ）
❻ 出てきたカードをファシリテーターが読み上げて全員で内容を共有する

ブレスト5か条
- 批判厳禁
- 質より量
- 自由奔放
- 便乗歓迎
- 簡潔明瞭（発言は短く！）

図3-10　デザイン思考の5つのステップ

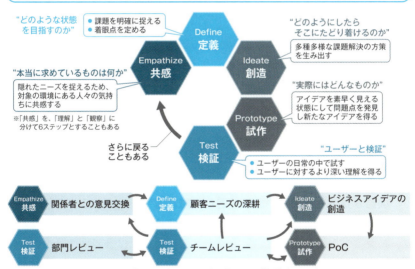

Point

- ワークショップ形式の会議でもファシリテートできるようになること
- そのためには、ブレイン・ストーミングやデザイン思考などの手順を理解して練習して臨んでほしい

3-6······3階層、フレームワーク、ピラミッド

» 課題と施策の整理

3階層での整理

　DXやプログラムなどのスケールの大きな取り組みでは、目的やゴールと実際に動くプロジェクトや施策などとの関係が曖昧になりがちです。そのようなときはフレームワークなどを活用して状況を整理することをお勧めします。PMやPMOが初動で行うべき活動の1つですが、本節では**3階層**で整理する基本的な**フレームワーク**の例を紹介します。

　このフレームワークでは、**経営、プログラム、プロジェクトのシンプルな3階層の構造で整理します。**「ピラミッド」などと呼ばれることもありますが、経営や経営方針・戦略を最上段に置いて、中段にプログラム、下段にプロジェクトを配置して整理します（図3-11）。例えば、経営方針として売上拡大を実現するサービス拡充があって、プログラムとして顧客にサービス提供をするうえでの基盤となるクラウドサービスの構築があり、プロジェクトには具体的な実現に向けて各主要事業向けのクラウドサービスの提供があります。

課題と施策も加えて整理する

　図3-12の左側のように、施策を階層構造で可視化します。整理できたら、**検討されている課題や施策がどの階層に位置づけられるか明らかにします**。課題や施策は目標施策体系図のように体系立った整理ができていれば、ピラミッドでの整理は必要ありません。ここでは課題や施策を粒度に応じて、3階層のいずれかに位置づけます。図3-12の右側では整理後の課題を加えています。

　DXの取り組みでは、このような整理が進められないまま取り組みが始められることが多いのです。そのような場合、責任者やPMも多忙でそこまで思いが至らないことが多いため、PMOが整理して関係者に意識してもらうようにします。できるPMOになるためには、活動をレベル分けして階層構造で整理することも必要です。

図3-11　ピラミッド（3階層）のフレームワークの例

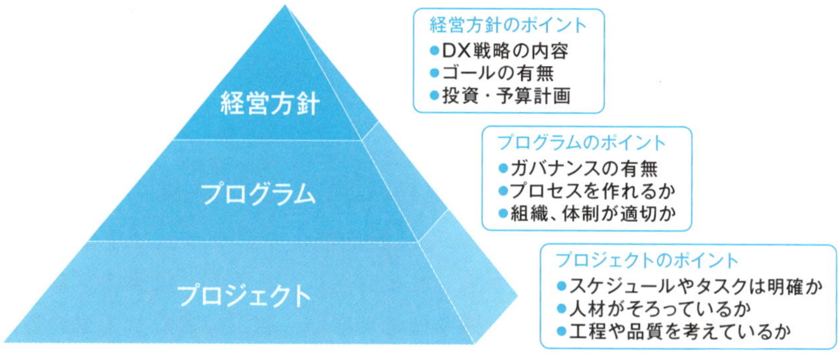

経営方針
プログラム
プロジェクト
経営方針のポイント
●DX戦略の内容
●ゴールの有無
●投資・予算計画
プログラムのポイント
●ガバナンスの有無
●プロセスを作れるか
●組織、体制が適切か
プロジェクトのポイント
●スケジュールやタスクは明確か
●人材がそろっているか
●工程や品質を考えているか

- 言葉だけで説明されるとわかりにくいが、ピラミッド構造のイラストと具体的に注視するポイントが列挙されているとイメージがしやすい
- 上記のポイントでは例として視点をあらかじめ整理している
- 3つ以上の階層でもよいが、視認性が高く理解しやすいのは3階層
- 経営方針を経営戦略、プログラムを中期経営計画、プロジェクトを具体的な施策として整理することもできる

図3-12　ピラミッドを利用して課題の位置づけを整理する

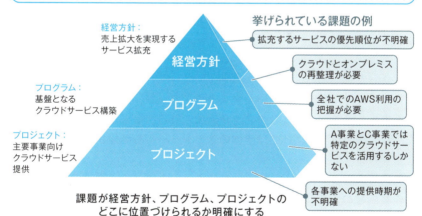

経営方針：
売上拡大を実現する
サービス拡充
プログラム：
基盤となる
クラウドサービス構築
プロジェクト：
主要事業向け
クラウドサービス
提供
経営方針
プログラム
プロジェクト
挙げられている課題の例
拡充するサービスの優先順位が不明確
クラウドとオンプレミスの再整理が必要
全社でのAWS利用の把握が必要
A事業とC事業では特定のクラウドサービスを活用するしかない
各事業への提供時期が不明確
課題が経営方針、プログラム、プロジェクトのどこに位置づけられるか明確にする

Point

- 経営、プログラム、プロジェクトの関係を3階層のピラミッドなどで図示できるとわかりやすい
- ピラミッドに検討してきた課題と施策を加えて、どこに位置づけられるかを関係者で共有して進める

変化への対応

現場でハンドリングを変えて対応する

PMOは定型的な業務のみをこなし、定期的にプログラムやプロジェクトを見ているだけと思われるかもしれません。ところが、**現実のプログラムやプロジェクトでは計画した通りに進まない、状況に合わせて進め方の変更が必要**などのような**変化**があります。そのような場合にもPMOやPMは**迅速に対応しなければなりません**。変更への対応に向けては、計画書にさかのぼって計画を変更することもあれば、現場のハンドリングや回し方を変更して対応するやり方もあります（図3-13）。多くの場合は後者となります。

後者となる理由には、計画書に戻って大幅な変更や改革をする前に小さな変更や改善で対処することで、現場のスピード感や柔軟性を損なわずに進行させることにあります。

ありがちな変更と対応ならびに管理

具体的には、❶計画していたタスクのスコープ、内容、スケジュールを変更する、❷さらに新たなタスクが追加される、などが多いです。もちろん、❶・❷の状況によっては全体のスケジュールも延伸されるなどの大きな影響もあります。

変更対応をして管理をしていくためには、会議体の変更や追加、支援する作業内容の変更、**4-6**で解説するWBSやガントチャートの変更に至るまで、当初の活動からの差分が発生します（図3-14）。

❶と❷などによる活動や支援内容そのものの変更は現実には多々あります。むしろ計画通りに進むことはほとんどないといっても過言ではありません。したがって、プログラムやプロジェクトは最初からある種の**生き物**であり、**変化するものと思って臨む方が間違いありません**。

| 図3-13 | 変化に対応する |

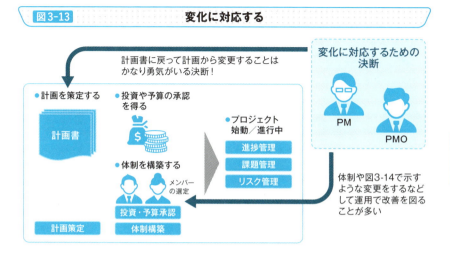

| 図3-14 | 変更対応をして管理をするために |

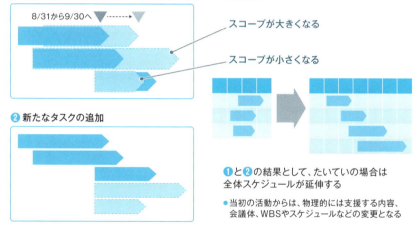

Point

- 当初計画していたタスクのスコープ、内容、スケジュールが変わることはよくあることで迅速に対応すべき
- プログラムやプロジェクトはある種の生き物と捉えて、変化するものと最初から考えて臨むのが適切

3-8 ソリューション、イラスト、SaaS

ソリューションの想定

具体的なソリューションをイメージする

　DXの取り組みでは、最新技術の導入やシステム化による自動化、継続的に進化できるしくみを作るなどの実現手段としてのソリューションも必要となります。そのソリューションは不変ではなく、ニーズとトレンドに合わせて変化します。PMOは現実解を想定しておきたいところです。

　ここでは屋外で利用される機器などをリースで提供している企業のDXの例で見てみます（図3-15）。

　＜ビジネスニーズとソリューション　例1＞
　利用場所を人が見に行くのではなく自動で確認して管理業務を楽にしたい
　⇒機器にGPSつきの携帯端末を設置して定期に情報を送ることで、自動的に登録や確認処理を行う
　＜ビジネスニーズとソリューション　例2＞
　機器の稼働状況からマーケティングの効率化や売上拡大を図りたい
　⇒動画撮影や動作状況がわかるセンサーも加えて本社でデータ分析をして顧客満足度の向上、売上拡大を図る

　上記の例のように、ニーズが異なるとソリューションも変わります。ニーズを正確に捉えないと、適切なソリューションに至ることはできません。

ソリューションのイラストを描く

　ソリューションの検討では、図3-16のようなイラストや簡単なシステム構成を描いて実現性を関係者で確認します。図3-16は図3-15の例1を具現化した例です。こういったシステムを既存のクラウドやSaaSなどのサービスを活用して迅速に提供するのが現在のトレンドです。

　もちろん、ソリューションにはここで挙げた例だけにとどまらず、業務プロセスの改善や組織文化の変革などのようにさまざまなケースがあります。

96

| 図3-15 | 機器管理の例 |

例1： 定期的に本社に位置情報が送られる
　　　 （4G+GPS）

- ニーズの整理を正確にできないとソリューションに至らない
- 例2は例1も含んでいる
- なかなか難しいが、例1や2を支える組織や人材などについても検討したい

例2： 位置情報に加えて、動画や動作状況が送られる
　　　 （4G＋GPS＋動画＋動作センサー）

| 図3-16 | 簡単なシステム構成で実現性を確認する例 |

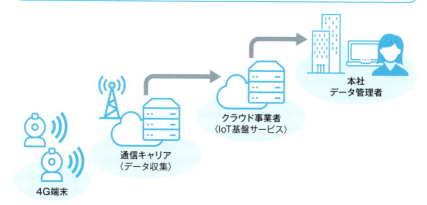

- クラウド事業者には、IoT機器のID、データ入力日時、その他情報などを入力できる基盤サービスが提供されている
- SaaSでアプリケーションとしてすぐに利用できるサービスを提供しているベンダーもある

Point

- DXの取り組みでは実現手段としてのソリューションを想定する
- ソリューションの想定にあたってはシステム構成を簡易なイラスト化して関係者で共有する

求められている期待の認識

2つの視点で定期に行う

　PMOの活動を進めていく中で、計画と実態に差が生じる、スコープが変わるなどの変化があることは**3-7**で説明しました。活動内容の変化とともに、注意すべきはPMOに求められる**期待**や**期待値**の変化です。責任者やPMからの期待もあれば、活動を取り巻く経営幹部やキーパーソンからの期待もあります。期待は活動内容に大きく影響します。

　PMOはそれらに対応するために、**常にどのような領域の活動で、何を期待されているかを第三者視点で定期的に見ていく必要があります**。月次などで見ていきますが、たいていの場合、期待は増えていく傾向があります（図3-17）。

期待が変化する例

　DXとITが関連するプロジェクトでの例では、次のようなケースが多く見受けられます（図3-18）。

＜前後の工程で期待が変化する例＞
- システム運用の改善という名目で参画したにもかかわらず、前工程の構築の問題点の整理に期待が変わる
- クラウド製品の選定で始動したが、その後の製品の導入もやってほしい

＜関与の度合いが変化する例＞
- 改善に向けて現状の可視化を進めていたが改善策の立案も求められた
- 公開情報による調査から、サービスのトライアルを行って機能の詳細を確認してほしい

　活動やスコープが広がる際には、工数や要員も必要なので責任者にPMOチームとして何を求めているか確認する必要があります。そのため、**現在携わっている前後の工程や関与の有無、度合いを意識しながら活動します**。

| 図3-17 | 活動の途中で期待は変化する |

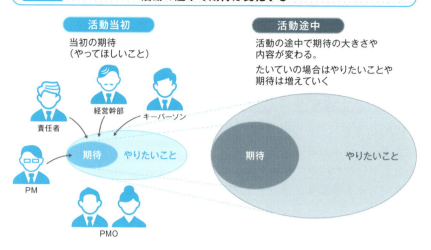

| 図3-18 | 関与度合いの変化の例 |

■ 前後の工程で期待が変化する例

期待は前後の工程に広がっていくことが多い

■ 関与の度合いが変化する例

期待はより深い関与を求められることが多い

Point

- 関係者の期待も変化するので定期的に第三者視点で見る必要がある
- 期待の変化は前後の工程や関与度合いで整理するとわかりやすい

3-10 振り返り

振り返りの重要性

2つの視点で定期的に自問自答する

PMOの業務はこれまで解説してきたように、定期の進捗、課題、リスク管理、会議体の運営やコミュニケーション管理などのように、週次を中心として日次や月次で担務が多数あります。プログラムやプロジェクトが走り始めると会議体運営などとともに定型的な業務も多くあることから、「仕事をやっている」という感覚になります。

もちろん、その感覚自体は正しいのですが、PMOとして一層専門的にDXに携わるためには、次のようなマクロとミクロの視点で定期的に振り返りをする必要があります（図3-19）。自問自答といってもよいでしょう。

＜マクロ視点＞
- 活動が目的や目標に貢献できているか、価値提供できているか、貢献できていない場合に修正する必要はあるか、あるいは目的や目標の変更を求める必要があるか
- 関係者からPMOとして認知されているか
- 計画したスケジュールと活動は合っているか、修正を要するか

＜ミクロ視点＞
- 個々の活動の品質基準が設定できているか、品質基準は適切か
- 漫然と活動するのではなく効率化や改善箇所を見つけて実行できたか

上記の2つの視点での振り返りは月次で行うことをお勧めします。

対価を得られる活動か？

少し別の視点でのお勧めは、**PMOの活動を切り出して対価を得られるかという視点**です（図3-20）。できれば、基本的な管理作業の対価としてお金をもらうだけでなく、専門性や付加価値が加えられて評価が得られることを目指していきましょう。

| 図3-19 | マクロとミクロの視点で定期の振り返りを行う |

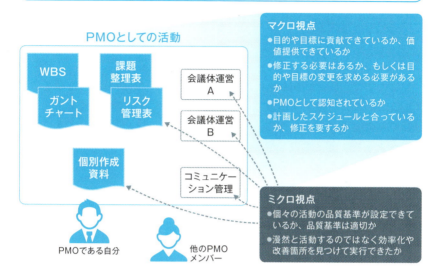

| 図3-20 | あなたの活動はお金をもらえますか？ |

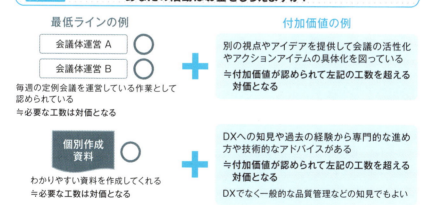

作業ベースとしても対価を得られる評価があればOKだが、
できれば付加価値を提供してほしい

Point

- PMOとして専門的に携わるために定期的に振り返りをしてほしい
- 活動に対価が得られるかという観点で評価をするのもわかりやすい

やってみよう

あなたのDXとは?

　ここまでで、DXは2010年代の後半から始まり、当初の経営課題をデジタル技術の導入で解決する取り組みから、変化への対応や成長を持続させるしくみの実現などのように、時代とともに意味合いが変わってきていると述べました。第3章の「やってみよう」では、皆さんが思うDXについて整理してみましょう。DXの定義にはこれが正解というものはありませんが、たいていは同じような定義になるかと思います。

　整理しやすくするために、DXの定義、DXの具体的な内容、DXが目指すゴール、DXによって得られること、DXによって恩恵を受ける人などの項目も加えてみます。

項　目	内　容
DXの定義	
DXの具体的な内容	
DXが目指すゴール	
DXによって得られること	
DXによって恩恵を受ける人	

　まずは、埋めてみることが肝要です。考えるのが難しい人は、知っているDXプログラムやプロジェクトで整理してみてください。

DXによって恩恵を受ける人

　初期のDXでは、デジタル技術の導入⇒業務の大幅な効率化⇒人員削減などもありました。その場合、直接的な恩恵を受ける人は経営者で、効率化が目に見えるものであれば顧客にも恩恵があります。一方、近年の変化への対応などはステークホルダーの大半に恩恵を与えます。

　上表の下2つの項目から考えると答えが見つけやすいかもしれません。

第4章

DXとITにおける共通の活動
〜PMOの基本的な仕事と機能〜

4-1 .... 週次単位、月次、週次、日次

» タスクから見たPMOの仕事

PMOの週次の活動例

　本節ではPMOの具体的な活動をつかむことを目標とします。イメージしやすくするために、PMOの1週間の仕事を例に挙げます。1つのプログラムの配下に3つのプロジェクトがある例です。DXのプログラムの配下にIT、AI、ビジネスプロセスの3つのプロジェクトがあります（図4-1）。

　ここでは、憲章や計画書の承認は得ているとして、進行中の週次単位での活動を例示します。活動自体は、月次、週次、日次で把握します。

　プログラムの全体会議が毎週月曜日の午後に開催されて、そこでは各プロジェクトの前週の活動と当週の予定が共有されます。また、プロジェクトごとでも週次の定例会議があります。このような前提条件で1週間の主なタスクをスロット別に整理すると次の通りです（図4-2）。

❶ PM/PMOミーティング
❷ 全体会議、各プロジェクトの定例会議の開催とファシリテーション
❸ 議事録とアクションアイテムの整理
❹ プログラムとプロジェクトの管理資料のメンテナンス（ガントチャート、課題整理表、リスク管理表）
❺ 全体会議、プロジェクト会議資料作成

　このように会議体を軸にして整理するとわかりやすいです。

その他のタスクも想定する

　この例では全体会議も含めて4つの会議体があります。これらは最小限で、その他にプロジェクトメンバーとの個別ミーティング、IT関連のレビュー、不定期の資料作成、責任者報告なども追加のスロットで加わるとなるとかなり忙しいです。

　定例の会議体を軸にすると忙しさの度合いが想定できるようになります。

104

図4-1 3つのプロジェクトから構成されるDXプログラムの例

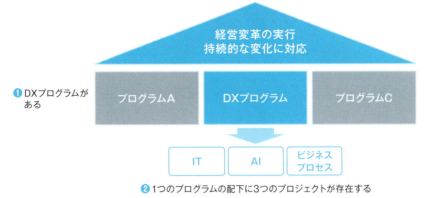

図4-2 週次のタスクとスケジュールの例

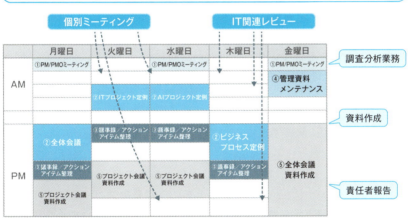

- 4つの会議体が軸となる
- その他に、プロジェクトメンバーとの個別ミーティング、IT関連のレビュー、不定期の調査分析業務や資料作成、責任者報告なども想定するとPMOは少なくとも2名以上はほしい

Point

- PMOは月次、週次、日次などでタスクスケジュールを想定するが、週次や月次が基本となる
- 最小限の会議体に加えて、個別ミーティングや随時加わるタスクがあるが、まずは定例の会議体を軸にして整理する

4-2 .... スコープ、作業スコープ、成果物スコープ

» スコープの定義

2つの観点でのスコープ

2-8でゴールについて、**2-10**では目標やそれらを評価するKGIやKPIについて解説しました。

プログラムやプロジェクトのゴールや目標を定めたのち、具体的な活動のスコープを定義します。**スコープは活動の範囲を指します。**スコープは、活動の範囲や作業の概要を示す作業スコープと、作成するシステムやドキュメントなどの目に見える成果物（作成物）スコープから構成されます。

単にそれらを定義するだけではなく、前提となる条件や制約なども共有します。活動メンバーとPMOの役割や作業の分界点をスコープとして明確にできれば、互いの仕事を迷いなく進められます（図4-3）。

社内のPMOにとって切り分けはなかなか難しいですが、外部のPMOが参画する場合にはスコープの定義を必ず行います。

スコープを示す

スコープの位置づけを示す際は、大きな概念から整理します。例えば、「DXを実現するクラウド基盤構築とCoEによる持続・自律的維持」というとわかりにくいのですが、図4-4のように、**対象のスコープの上下（縦）や左右（横）の関連から見た位置づけを示すことでわかりやすくなります。**

作業スコープとして、PMOであればプログラムやプロジェクトにおける課題や進捗の管理、コミュニケーション管理と会議体運営、さらにそれらに付随する課題管理表、WBS、会議体アジェンダ・議事録などが挙げられます。成果物スコープは作り上げるシステムと関連ドキュメントの作成などになりますが、PMOはSEとは立場が異なることから、要件定義前の要求事項の取りまとめ、関連するレビューの管理と報告書作成などのように、システムそのものの直接的な成果物を作成することはほとんどありません。フェーズが異なると、各種調査や企画案の作成などが成果物スコープとなることもあります。

図4-3　スコープ定義の進め方の例

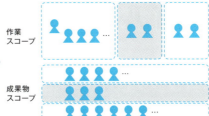

まず、スコープを定義する

定義したスコープを作業スコープと成果物スコープに分けて考える

- 作業スコープと成果物スコープを担当する組織や人材ごとに割り当てていく
- 塗りつぶしてある箇所がPMOのスコープのイメージ
- 外部のPMOを活用する場合や、自身が外部のPMOであればスコープのどこに関与するかは明確にしたい

図4-4　スコープの位置づけの例〜DXとITプロジェクト〜

【DXのスコープの例】

他のプログラムやプロジェクトを示した中でスコープを明確にする

【ITプロジェクトの成果物スコープの例】

- スコープが営業システムと勤怠管理システムに外部からアクセスするしくみであることを明確にする
- PMOはこのシステムが作成される過程で、成果物スコープとしては、要求事項の取りまとめ（企画兼検討書）や関連するレビューの管理と報告書などのように一部にとどまることが多い

Point

- スコープは活動の範囲を指し、作業の概要を示す作業スコープと、作成するシステムやドキュメントなどの目に見える成果物スコープから構成される
- スコープは上下左右の関連から見た位置づけを示せるとわかりやすい

4-3 ·············· マイルストーン、区切り、到達点、中間目標

》 マイルストーンの決定

ITプロジェクトのマイルストーン

　ゴールや目標、スコープが整理できたら、具体的なスケジュールを検討します。スケジュールを考えるうえで、マイルストーンの決定は必須です。マイルストーンはプログラムやプロジェクトにおいて、必ず守らなければならない区切りや到達点、中間目標などを指します。予定されている重要なイベントをマイルストーンとすることもあります。マイルストーンはプロジェクト計画を作成するうえでの骨格となります。

　例えば、ITプロジェクトであればキックオフミーティングに始まり、工程ごとの節目のレビューや判定会議、経営幹部向けの報告、ユーザー受入れや稼働などが主なマイルストーンとなります（図4-5）。ITプロジェクトでは、このように典型的なマイルストーンが存在します。

DXのマイルストーンを確認する

　DXのマイルストーンはITプロジェクトの工程のような定まった型がないので、イベントを起点として考えられることが多いです。例えば、次のようなイベントです。

- 関係者向け／経営幹部向けの報告
- 経営会議／全社的な発表
- 新しいプロセスの試行の開始／DXプロセスの開始

　関係者⇒経営幹部、試行⇒本番という流れはITプロジェクトと同様です。

　マイルストーンとして適切かどうかは、**①分割や統合ができないものであること、②それ以前の活動の成否が問われるものであること、③後の活動に影響を与えるものであること、などの観点で確認します**（図4-6）。

　特にDXの場合は典型的な型がないことから改めての確認が必須です。

108

図4-5　ITプロジェクトのマイルストーンの例

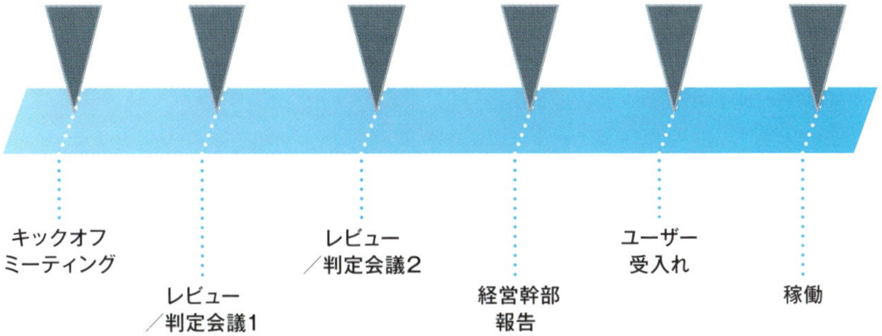

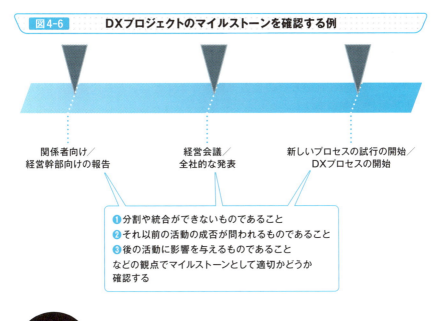

- キックオフミーティング
- レビュー／判定会議1
- レビュー／判定会議2
- 経営幹部報告
- ユーザー受入れ
- 稼働

- マイルストーンを整理するポイントは、すべてのマイルストーンを書き出してみること
- ITプロジェクトの場合は定まった型が存在する

図4-6　DXプロジェクトのマイルストーンを確認する例

- 関係者向け／経営幹部向けの報告
- 経営会議／全社的な発表
- 新しいプロセスの試行の開始／DXプロセスの開始

❶ 分割や統合ができないものであること
❷ それ以前の活動の成否が問われるものであること
❸ 後の活動に影響を与えるものであること
などの観点でマイルストーンとして適切かどうか確認する

Point

- マイルストーンは、必ず守らなければならない区切りや到達点、中間目標などを指す
- ①分割や統合ができない、②それ以前の活動の成否が問われる、③後の活動に影響を与える、などの観点で適切かどうかの確認をする

4-4 .... フェーズ、ゲート

≫ 現在地の確認

フェーズによる現在地の把握

　プログラムやプロジェクトが一定の長期間にわたって続く際には、進捗の段階や工程、チェックポイントを定めます。その中で、現在はどの段階や工程にあるのかを確認できるようにします。段階や工程は**フェーズ**、チェックポイントは**ゲート**などと呼ばれますが、計画時に想定します。

　フェーズに関しては、ITプロジェクトのウォーターフォール型などでは、**2-3**でも紹介したように工程自体が標準化されています。したがって、現在地や次工程の把握は比較的容易です。また、ITプロジェクトでもアジャイル型のように、アプリケーションやプログラム単位で、要求・開発・テスト・リリースを回していく手法もあります。進め方や手法によってフェーズや現在地の把握の仕方は異なりますが、いずれにせよ区切りはわかります（図4-7）。

　DXの活動では、ITプロジェクトのような型がないので、活動の開始にあたって個別にフェーズを定義する必要があります。

フェーズとゲートチェックは不可分

　フェーズ分けすることで現在地の把握はできるようになりますが、フェーズの終了あるいは次工程に移る際にはゲートを設けてチェックします。

　ゲートでは、必要な活動が完了しているか、目標に対して進んでいるか、成果物が作成できているか、などを中心に、当初定めた品質基準をもとに関係者や組織で審査して、次のフェーズに移行できるか判断します（図4-8）。

　したがって、**フェーズの定義とゲートならびにチェックをすることは不可分で考える**必要があります。さらに、ゲートチェックは形式だけでなく、内容の詳細を精査して判定するルールや動機づけも重要です。承認権限者は次フェーズに当然のように移行させるのではなく、**移行要件を満たさなければ移行不可や延伸もあり得る**という姿勢で臨むべきです。

| 図4-7 | ITプロジェクトの現在地の把握の例 |

ウォーターフォールのプロセス

要件定義 → 概要設計 → 詳細設計 → 開発・製造 → 総合テスト → システムテスト → 運用テスト

アジャイル開発のプロセス

- 機能A　要求・開発・テスト・リリース
- 機能B　要求・開発・テスト・リリース
- 機能C　要求・開発・テスト・リリース
- 機能D　要求・開発・テスト・リリース

ウォーターフォールのフェーズ（工程）とゲート
- 当初の計画時点でフェーズとゲート、スケジュールを定義しておく
- フェーズの終了に合わせてゲートチェックが設けられる

アジャイル開発のフェーズとゲート
- アジャイル開発では機能ごとにゲートが設けられる
- 迅速さや柔軟性を目指すのであればゲートは一般に少なくなるが、一方で品質の担保が課題となる

| 図4-8 | 次のフェーズや工程に向けてのチェック |

フェーズn → フェーズn+1

ゲートチェック

審査内容
- 必要な活動が完了しているか
- 目標に対して進んでいるか
- 成果物が作成できているか

などを中心に、品質基準をもとに承認権限者の精査と判断で次フェーズに移行できるか判断

ゲートチェックは次のように呼ばれていることが多い
- ゲートレビュー
- 判定会議
- 審査会
- QMxx（Quality Management xx）

Point

- プロジェクトの進捗の段階や工程はフェーズと呼ばれている
- フェーズとフェーズ間のゲートチェックは不可分の関係で、ゲートチェックでは次工程への移行を当然としてはならない

4-5 タスク、テーマ、ワークパッケージ

最小の活動と言葉の確認

活動項目や単位の呼称の確認

プログラムやプロジェクトの中で重要な活動項目を**タスク**と呼ぶことがあります。また、企業や団体によっては、プロジェクト、**テーマ**、タスク、**ワークパッケージ**、アクティビティなどの用語を使い分ける、あるいは混同して使うこともあります（図4-9）。

PMOやPMとしては、**まずはどの活動や単位をどのように呼んでいるかを、社内でも社外でも確認する**必要があります。組織によって呼び方が異なるので、先送りせずに計画時点やそれ以前に必ず確認します。

テーマは多くの場合、プロジェクトの中の重要な活動をカテゴリー的に分解したタイトルを指します。タスクやワークパッケージはWBSで定義できる最小の活動を指します。微妙なのはタスクとワークパッケージの上下関係が混同されて使われていることです。このあたりは組織や人によって異なるので注意が必要です。

呼称を確認してそろえて進める

明確にしたいのは活動の分け方や項目をどのように呼んでいるかです。

例えばITの導入を検討する場合には、業務アプリ、インフラなどのように必ず分けて考えなければならない要素があります。後述するWBSでいえばカテゴリーにあたるもので、業務アプリでもXXアプリ、YYアプリなどのように分かれていきます。DXのプロジェクトであれば、現行課題の整理、可視化、DXデザインなどのように分かれます。これらはテーマと呼ばれることもあります。

本書ではカテゴリーとしますが、どの単位をどのように呼ぶかはプログラムやプロジェクトごとに必ず確認して、**憲章や計画書で定義して誤解のないようにします**。図4-10のように定義の仕方によって随分と印象が変わります。

図4-9 プロジェクト、テーマ、タスク、ワークパッケージの関係の例

本書では下記のように呼んでいる
プログラム ＞ プロジェクト ＞ カテゴリー／テーマ ＞ タスク／ワークパッケージ ＞ アクティビティ

- 具体的な活動項目はこのレベル、WBSでの最小の活動
- ワークパッケージの中で重要度が高いものをタスクと呼ぶこともある
- 本書ではタスクとワークパッケージは同義語として扱う
- アクティビティはタスクやワークパッケージを構成する極小の活動

プロジェクトの中に以下がある
- カテゴリー／テーマ
- タスク／ワークパッケージ
- アクティビティ

図4-10 混同されやすい呼称の例

「この人が言っている テーマって何？」
「カテゴリーのことを指しているようだが、テーマの方がクールだから テーマとするかな…」

- カテゴリー／テーマ
- タスク／ワークパッケージ
- アクティビティ

用語はPMOが整理する

- わざわざイラストにして確認する必要はないが呼称とその対象は初期の段階で確認する
- 何となく「こうだと思う」で進めていくのは好ましくない

- 活動や管理単位の呼称をそろえてスッキリしてスタート！
- アクティビティについては図4-12参照

混同されやすい呼称	用語が指す意味	例
カテゴリー or テーマ	ざっくりとした活動名、プロセス名、同じ種類に属する作成物群、WBSの第2階層レベルの作業	ステークホルダー把握
タスク or ワークパッケージ	活動やプロセスを構成する最小単位、作成物などの最小単位、WBSの第3階層レベルの作業	ステークホルダー一覧作成、ステークホルダー関連図作成など
タスク or アクティビティ	上記を構成するさらに細かい作業の1つ1つ	案作成、内部レビュー、完成など

企業内でも部門や人で意味が異なることがあるので注意が必要

Point

- テーマ、タスク、ワークパッケージ、アクティビティなどの用語は組織や人によって指すものが異なるので気をつけたい
- 憲章や計画書の中でも誤解のないように定義する

第4章 最小の活動と言葉の確認

4-6 .... WBS、ガントチャート、アクティビティ

» WBSとガントチャートの作成

WBSの作成手順

活動項目の呼び方と内容の想定が確認できたら、WBS（Work Breakdown Structure）を作成します。WBSは活動項目の遂行や成果物を作成するために、プログラムやプロジェクトで実行する具体的な作業を**階層構造で表現したもの**です。業種や活動の規模などにもよりますが、数階層から3階層程度にとどめて管理すると見やすくてわかりやすいです。

WBSは次のような手順で作成します。ここではITプロジェクトの要件定義工程（RD工程）を例として挙げます（図4-11）。

❶第1階層のカテゴリーを定める。例ではビジネス要件とシステム化要件に分けている
❷第2階層ではそれぞれの要件を構成するプロセスを洗い出す
❸第3階層では、第2階層を構成する成果物を洗い出す

WBSの最下層の管理項目はワークパッケージやタスクと呼び、スケジュール管理のベースとなります。

WBSを有効なものにするために

WBSで階層構造にした後は、ワークパッケージを誰が主体的に実行するか人や組織を明確にします。さらにスケジュールも加えて、**ガントチャート**を作成します。図4-12は図4-11のWBSの第2階層の機能要件をガントチャート化している例です。なお、ワークパッケージによっては、必要な作業を詳細プロセスに分解した**アクティビティ**として整理します。資料案作成後のヒアリング結果のまとめは、チームレビュー、ユーザーレビュー、ヒアリング結果まとめ（資料案⇒正式版作成）などのアクティビティから構成されます。

ワークパッケージによってはここまで定義しておけば安心です。

114

図4-11　RD工程のWBSの例

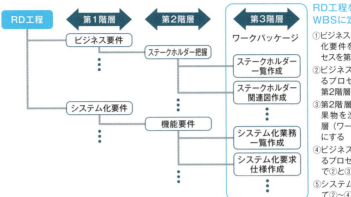

RD工程を3階層のWBSに定義する例
① ビジネス要件とシステム化要件を作成するプロセスを第1階層にする
② ビジネス要件を構成するプロセスを洗い出し第2階層にする
③ 第2階層を構成する成果物を洗い出し第3階層（ワークパッケージ）にする
④ ビジネス要件を構成するプロセスがなくなるまで②と③を繰り返す
⑤ システム化要件について②～④の作業を行う

図4-12　WBS、ワークパッケージ、アクティビティの例

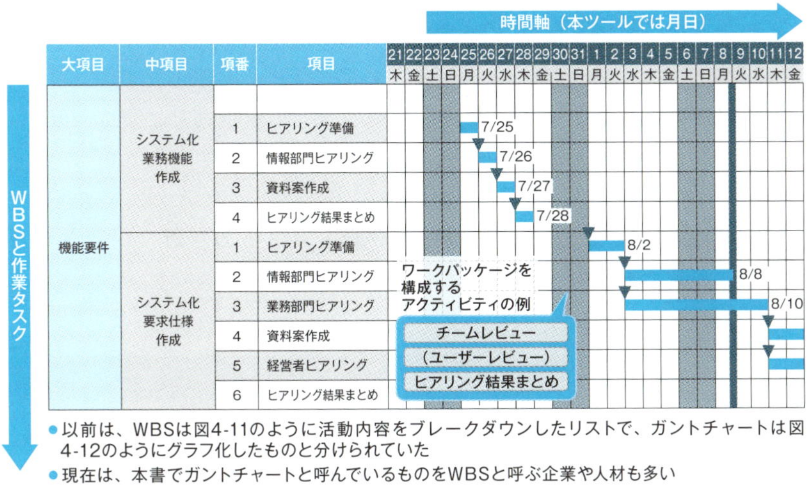

- 以前は、WBSは図4-11のように活動内容をブレークダウンしたリストで、ガントチャートは図4-12のようにグラフ化したものと分けられていた
- 現在は、本書でガントチャートと呼んでいるものをWBSと呼ぶ企業や人材も多い
- 組織や人材で呼び方が異なることがあるので都度確認が必要
- うまく回っていないプロジェクトなどでは、アクティビティの確認を失念していることが多いので注意してほしい

Point

- WBSは階層構造で第1、第2、第3の順に洗い出して作成する
- WBSもとにしてガントチャートを作成する

進捗の管理

進捗管理の手順

進捗管理はプログラムやプロジェクトの**進み具合や状況を把握して、計画通りに推進されているか管理すること**です。計画通りに進んでいなければ、予定通りに進むように対策を講じる、あるいは計画そのものを見直すこともあります。

進捗管理は、次のように進めます（図4-13）。

❶**計画**：「何で」進捗を把握するか、実績の把握に対する考え方を確認します。「何で」にあたるものは管理単位とも呼ばれます。

❷**実績把握**：計画と実績を照らし合わせて現在地を把握します。❶の管理単位に対して、予定通り、早い・遅いなどを確認します。

❸**対策実行**：遅れている場合には対策を講じて計画通りに戻す、あるいは計画そのものを見直します。

DXの場合には、計画当初に精緻な計画を立てるのが難しいことから、やりながら見直していくこともあります。

主要な進捗の管理単位の例

進捗管理の実績を把握するために最も多く使われているのは、工数です。例えば、1日8時間として、平日1週間の40時間でできる作業は5人日で、3日間の分を完了しているのであれば、実績として3人日、進捗率として60％となります。ただし、作業の難易度や生産性の関連から、一定の係数を掛けて調整することもあります。

続いては作成物で把握する例です。作成しなければならない資料が約30ページであれば、20ページできていれば66％とする考え方です。

ITのプロジェクトなどでは、プログラムの本数、テストケース数などで測ることもあります（図4-14）。

図4-13　進捗管理の進め方

❶**計画**：「何で」進捗を把握するか、実績の把握に対する考え方を確認
　　　　管理対象としては、例えばワークパッケージやタスクが挙げられる
　　　　管理単位としては工数や作成物などがある

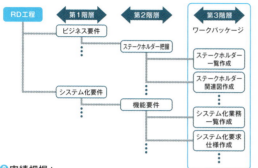

❸**対策実行**：
遅れている場合には対策を講じて計画に戻す、あるいは計画そのものを見直す

❷**実績把握**：
❶の管理単位に対して、計画と実績を照らし合わせて現在値を把握し、予定通り、早い・遅いなどを確認する

計画書や、ガントチャート上でのスケジュールの見直しを行う

図4-14　管理単位の例

- この例では5日に対して3日という考え方と、60%のように進捗率という考え方もある
- 進捗率も現場ではよく使われている

Point

- 進捗管理は進み具合や状況を把握して計画通りに推進されているか管理すること
- 実績を把握するための管理単位には、工数や作成物などがあるが、進捗率も使われている

4-8

課題管理、課題、課題管理表

》 課題の管理

課題管理の基本

ここまで、PMOの業務の中に課題管理があることはたびたび述べてきました。本節では課題管理の具体的な方法について解説します。

課題は、**プログラムやプロジェクトの推進・実行中に発生する、計画されていなかった事象や負の影響を与える事象**をいいます。**課題管理で課題を明らかにして共有することで、現状を確認するとともに、履歴として記録して分析することで、プログラムやプロジェクトの改善や見直しにもつながります。**

週次などで新規の課題が発生していないか、あるいは以前の課題が解決して完了しているか、などを確認します（図4-15）。

課題管理表の主要な項目

図4-16は課題を管理する課題管理表の例です。管理表を構成する主要な項目は次の通りです。

- **時期を示す項目**：発生日、対応期日（完了日）など
- **内容を示す項目**：工程やカテゴリー、ワークパッケージ、課題内容など
- **重要性や影響を示す項目**：重要度、影響範囲など
- **状況や対応を示す項目**：ステータス、担当、対応内容、完了条件など

上記の他に課題を解決する担当者を明記します。より細かく管理するのであれば、WBSのワークパッケージの管理番号なども加えて連携を取るようにします。また、重要性や影響範囲の観点は課題解決の緊急性や優先度の決定につながるので必ず入れるようにします。

図4-16は表の一例ですが、実際には各プログラムやプロジェクトに適したフォーマットで管理します。現実のプログラムやプロジェクトでは課題が大量に存在して、週次の管理でも煩雑になることがあります。

118

図4-15　階層化や横展開があり得る

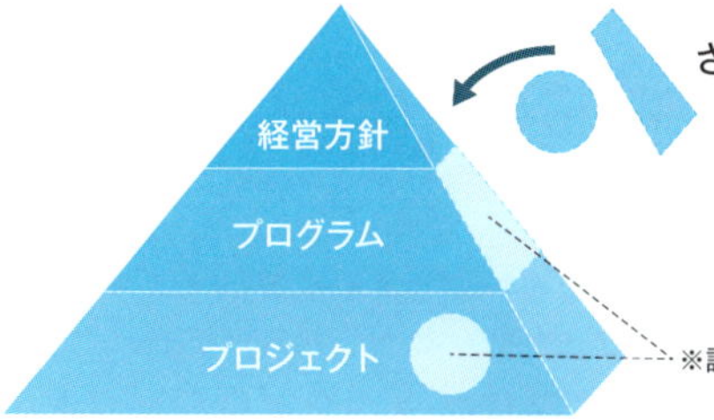

さまざまな形の課題

課題は、プログラムやプロジェクトの推進・実行中に発生する計画されていなかった事象や負の影響を与える事象

放置しておくと、一部や全体に負の影響を与える

※課題があってうまくいっていないところは活動(色)が薄い

課題管理表を作成して課題を共有して解決を図る

PMOやPMが課題管理表を作成して管理する

図4-16　課題管理表の例

時期を示す：発生日／対応期日／ステータス
内容を示す：担当／工程／カテゴリー／ワークパッケージ／課題
重要性・影響度を示す：重要度／影響範囲
※その他の項目は状況や対応を示す：完了条件／対応内容

No.	発生日	対応期日	ステータス	担当	工程／カテゴリー	ワークパッケージ	課題	重要度	影響範囲	完了条件	対応内容
1											
2											
3											

- ステータス：●未着手 ●進行中 ●完了
- ワークパッケージやタスクの一意の番号も示して連携を取りたい
- 重要度：影響範囲と影響度の最大・大・中・小などで組み合わせて重要度を判断
- 影響範囲：●対顧客・社外 ●全社 ●事業所 ●部門 ●特定の組織

- より細かく管理するのであれば、WBSのワークパッケージの管理番号なども加えて連携を取る
- 4-13で解説するように、プロジェクト管理ツールを利用することもある

Point

- 課題は、プログラムやプロジェクトの推進・実行中に発生する、計画されていなかった事象や負の影響を与える事象
- 課題管理で課題を明らかにして共有することで、現状を確認するとともに、履歴として記録して分析することでプログラムやプロジェクトの改善や見直しにもつなげる

4-9 .... リスク、リスク管理表、リスク監視

≫ リスクの管理

想定できるリスクとできないリスク

リスクは、今後起こり得る不確実な事象でプログラムやプロジェクトに何らかの負の影響や損失を与えることを指します。リスクは、大きく①**発生する前に想定できるリスク**と、②**プロジェクト運営の中で発生するリスク**の2つに分けられます。いずれも**リスク管理表**を作成して管理していきます。

図4-17はリスク管理表の例ですが、管理表を構成する主要な項目は次の通りです。

- **時期を示す項目**：認識・識別日、終了日など
- **内容を示す項目**：工程やカテゴリー、ワークパッケージ、リスク事象、識別事由など
- **影響を示す項目**：品質（Q）、コスト（C）、デリバリー（D）などへの影響
- **対応を示す項目**：対策内容など

リスク管理表の作成後の対応

リスクは、その種類によって対応が異なります。

図4-18では2つのタイプのリスクを示しています。①のように事前に見えているリスクは**リスク対応計画を作成**して、その後の状況を定期的に監視することもあります。**リスク監視**とも呼ばれる活動です。一方、顕在化したリスクは、リスクがまた別のリスクを生むことがあるので、早期に可視化してつぶすことを目的とします。その際、**課題管理表にもリスク対応課題としてリスク管理表のナンバーなどを記載して連携を取り、漏れのない対応をします。**

②の都度発生するリスクは、まずは検知後の共有が重要です。

120

図4-17　リスク管理表の例

	時期を示す		内容を示す			影響を示す	対応を示す	時期を示す
No.	識別日	工程／カテゴリー	ワークパッケージ	リスク事象	識別事由	QCDへの影響の可能性	対策内容	終了日
						Q		
						C		
						D		

- ワークパッケージに捉われず、全体に関連するリスクもある
- 特に分けない場合もあるが、この例では、品質（Q）、コスト（C）、デリバリー（D）などに分けて影響を考えている
- 課題管理表と同様に、
  - 対顧客・社外
  - 全社
  - 事業所
  - 部門
  - 特定の組織

  などの影響範囲で考えるケースもある

- リスクについては大きなプロジェクトになればなるほど管理が厳密になることが多い
- リスクの分析や評価、PMや責任者も含めてリスクを共有する体制などもプロジェクト計画書にあらかじめ明記して管理する手法をとることもある

図4-18　リスク管理表と課題管理表の連携

❶ 発生する前に想定できるリスク

No.などで連携や参照ができるようにする

リスク管理表 ── 課題管理表

リスク対応計画

リスク管理表に記載することに加えて、課題管理表への連携やリスク対応計画を作成することもある

❷ プロジェクト運営の中で発生するリスク

日々の活動やレビュー、ドキュメント、メンバーや関係者の発言や振る舞いなどからリスクとして検知して共有する

→ リスク管理表

リスク管理表に記載する

Point

- 発生前に想定できるリスクとプロジェクト運営の中で発生するリスクがある
- リスクによってはリスク対応計画を作成して管理することもある

4-10 ステークホルダー

ステークホルダーの管理

ステークホルダー管理の必要性

ステークホルダーは**プログラムやプロジェクトに影響を与える、あるいは影響を受ける利害関係者**を指します。プロジェクト推進上で重要なのは、決定や承認の権限を有する人たちです。プロジェクトの責任者や担当役員、その他の経営幹部などのようなわかりやすい経営トップはもちろん重要です。しかし、活動の各階層において留意すべきステークホルダーが異なることも多いので注意が必要です（図4-19）。

例えば、プロジェクト配下のサブプロジェクトなどになると、そこでの活動結果の承認はトップが行うのではなく、現場で権限を持っている役職者が行います。そのため、トップだけでなく、権限委譲されているステークホルダーとの付き合い方も考える必要があります。ステークホルダーの管理はこういったことを背景として、決定権限者、承認権限者、利害関係者などを洗い出し、状況に応じて最も影響力を持っているのが誰かを見極めて、関連する会議体や調整の必要性なども検討します。

ステークホルダーを整理する方法

ステークホルダーを整理・可視化する方法としては次のものがあります（図4-20）。

❶**体制表ベース**：オーソドックスな整理の方法
❷**一覧表ベース**：一覧表を作成して洗い出しを行い各人の権限を整理する
❸**ワークパッケージやタスクベース**：具体的に誰が個々の活動の決定権限者となっていたかの事実から整理する

まずは❶や❷からあたりをつけて、必要であれば❸で確認します。
なお、案件によっては作成後の管理に注意を要しますが、ステークホルダーの関与や興味の度合い、敵か味方かなどを整理することもあります。

図4-19 ステークホルダーは幅広い視点で考える必要がある

- トップ以外にも影響力のある人は多い
- 多数いると思って見ていくことが重要
- 決定権限者、承認権限者、利害関係者他

上記の全員がステークホルダーを構成する

図4-20 ステークホルダーを整理していく方法

❶ 体制表をベースとして整理する
⇒オーソドックスな整理の方法

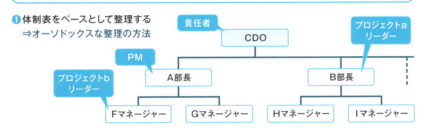

❷ 一覧表を作成して整理する
⇒思いつく名前から整理していけばよい

名前	所属	役職	関わっているプログラム・プロジェクト	権限	対応案
鈴木一郎	情報システム部	部長	全社VM移行プロジェクト	予算・計画承認	ささいな事項でも直ちに報告する
佐藤美奈	経営企画部	部長	部門BI導入プロジェクト	予算・計画承認	定例会でのコミュニケーション

❸ ワークパッケージやタスクをベースとして決定権限者を整理する
⇒決定権限者として多く登場する人ほど重要

決定権限者					
鈴木部長					
佐藤部長					
後藤マネージャー					
後藤マネージャー					

Point

- ステークホルダーはプログラムやプロジェクトに影響を与える、あるいは影響を受ける利害関係者を指す
- ステークホルダーの整理には、体制表ベース、一覧表ベース、タスクベースなどの方法がある

4-11 .... コミュニケーション、会議体

» コミュニケーション管理

コミュニケーションの選択肢

　コミュニケーションは、プログラムやプロジェクトの関係者が発言や態度、ソフトウェアツールなどを通じて意思の疎通を図っていくことです。一般的にはできるだけ顔を合わせての会話がよいとされています。近年はオンラインミーティングやソフトウェアのコミュニケーションツールの活用も増えています。**コミュニケーション管理では、関係者がどのような形でコミュニケーションを図り維持していくかを定めます。**

　コミュニケーションを検討する際には、次のような選択肢があります（図4-21）。

- **会議体**：リアルの会議、オンライン会議、電話会議など
- **コミュニケーションツール**：グループチャット、電子メールでの相互のやりとり、Webサイトでの提示など
- **電話**：社有の携帯番号などを互いに公開して連絡が取れるようにする
- **固有のしくみ**：企業や団体が保有している固有のしくみなどを利用する

　基本的には、会議体とコミュニケーションツールから想定します。

会議体を始める前に

　会議体に関連したコミュニケーションは最初に決めておく必要があります。例えば、会議資料ならびにアジェンダや議事録、アクションアイテムやToDoリストの配布方法、それらに対するコメントの取得、全体としての管理の確認などがあります。

　基本的には会議体で定めたコミュニケーションルールを準用して他の打ち合わせにも展開していきます。リアルやオンラインでのミーティングでは、チャットやメールなどを上手に利用して、正確な記述に加えて、**アドバイスや意見などをできるだけ吸い上げられるように工夫**します。

124

| 図4-21 | **コミュニケーションの選択肢の例** |

- コミュニケーションの方法とツールはさまざまなものがあるので、物理的なイラストなどで改めて確認した方がよい
- 基本的には会議体、コミュニケーション、ツールのすべてが利用される
- ごく一部に固有のしくみを有している企業もある

| 図4-22 | **会議体で決めること** |

- 上記の流れを一連のコミュニケーションツールで行うこともあれば、チャットツールやメールを組み合わせて順次行うこともある
- プログラムやプロジェクト、企業や組織に合わせてフローや使用ツールを検討するのもPMやPMOの仕事

Point

- コミュニケーション管理では、関係者がどのような方法でコミュニケーションを図り維持していくかを定める
- 会議体を中心として、どのようにコミュニケーションを進めていくか、効率的に意見を吸い上げて反映できるようにしたい

4-12
品質基準、管理項目

≫ 品質について考える

活動内容を品質基準で評価する

　品質を評価する基準がないと、よい案やよいしくみを作りたい、取りあえずできた、などのように曖昧な形でワークパッケージが終了してしまうことがあります。そのようなことを避けるためには、品質基準と呼ばれる活動内容を評価する考え方と活動が必要です。

　例えば、ITのプロジェクトであれば、規模と工程に応じて、作成物に対するレビューの回数や時間、指摘事項数、テスト項目数、障害件数などのようなデジタルに測定可能な管理項目を定めます（図4-23）。項目ごとの基準値をクリアできれば、各作業は一定の品質基準を満たして完了となります。PMやPMOはこれらの活動と品質の適合性を適宜確認します。

　大規模なITプロジェクトであれば、慣例としてそれらをさらに詳細化した品質基準が必ず設定されます。

抽象度の高い活動での品質管理

　例えば、DXの最初の工程では、DXプロジェクトを立ち上げる、DXのデザインをする、専任体制の構築などのような抽象度の高い目標が設定されることもあります。このような工程も、次のような視点から評価できます（図4-24）。

- 関連ドキュメントや企画書などが出来上がっているか
- 必要な項目が網羅されているか
- 活動が関係者のレビューやチェックを経ているか
- 承認に際しての指摘事項とその後の活動

　ITプロジェクトとは異なりやや曖昧にはなりますが、ITプロジェクトを準用する形で野放しではなく管理することはできます。つまり、DXでも品質基準を設定して品質管理をすることは可能なのです。

126

図4-23　品質基準となる管理項目の例

品質管理項目例	単位	説明
レビュー回数	件	レビューを行った回数
レビュー時間	分、時間	レビューを行った時間
レビュー指摘事項数	件	レビューでの指摘事項の件数
テスト項目数	項目	テストの項目数
障害件数	件	障害発生の件数

※上記は一例だが、件数や時間などのデジタルに測定できる項目が利用される

例：テスト密度

- プログラムの行数を表すステップ数で規模をイメージする
- システムの規模によってテストの適正件数の密度は異なる
- IPAなどで参考数値が公開されている
- ITベンダー各社は固有の基準値を持っている

- その他には、件数／規模などのようにパーセントで算出するものもある

図4-24　DXの初動工程での品質管理の例

DXでの品質管理項目例	単位	説明
ドキュメントや企画書などが出来上がっているか	有無	見本や基準となる作成物と比較する
必要な項目が網羅されているか	有無、網羅率	見本や基準となる作成物や項目と比較し、項目が満たされているか
レビューやチェックを経ているか	有無、件、進捗率	必要なレビューやチェックを経ているか
指摘事項とその後の活動	件、対応有無	指摘事項の件数、指摘事項に対する活動

- ITプロジェクトの管理項目例と比較すると多少緩めにはなる
- 上記は一例だが、管理項目を定めて確認を進めていくことが重要

Point

- 品質基準を設定して活動内容を評価する考え方が必要
- 抽象度の高い活動でも品質基準を設定して品質管理をすることは可能

4-13 プロジェクト管理ツール、チケット

≫ ツールによる管理

ツールによるプロジェクト管理

4-7以降、PMOがプログラムやプロジェクトで管理する主要な項目について解説してきました。4-8や4-9では具体的な項目の例も示しています。Excelを利用した例を紹介していますが、プロジェクト管理ツールを用いてPMO機能を管理するプロジェクトも増えています。

ツールでは、Excelの1行にあたる、例えば課題やリスク、インシデントなどを1件として扱い、1件につき1枚のチケットを作成して追加していきます。チケットを手軽に作成可能にすることで、迅速にかつ漏れなく起票することを狙いとしています（図4-25）。とはいえ、Excelで管理しているプロジェクトも現実にはまだまだ多いです。

ツールを利用したチケットの管理は利便性が高い一方で、ルールを定めて運用しないとチケットが乱立して混乱を生じさせます。

ツール利用のポイント

PMOとしてツールを利用する際のポイントは次の通りです。

- **管理者と作成者を定める**：誰が権限を持っているか事前に明確にする
- **チケットで管理する事項の明確化**：例）プロジェクト全般の課題、その中のタスクの課題など
- **作成する際の事項の粒度**：あまりに細かいと際限がなくなる
- **棚卸の周期**：週次の定例会で棚卸を行うなど
- **全体の運用**：管理としての利用、報告や統計や分析としての利用など

これらを確認したうえで、各ツールのチケットの階層、その他のツールとの連携などを踏まえて運用を進めていきます。

多くのツールでアラート通知機能やガントチャートとの連携などが装備されているので、使いこなせると利便性は高いです。

128

| 図4-25 | チケットとExcel管理の違い |

【ツールのチケットでの課題管理の例】

チケットはExcelの1行が1枚になるイメージ

- 作成日：
- 内容：
- 作成者：
- 完了予定日：

項目は少なめにして手軽に使えるようにする

項目の定義によってはガント形式で見ることもできる

Excelのように表形式で見ることもできる

【Excelでの課題管理表の例】

No.	発生日	対応期日	ステータス	担当	工程／カテゴリー	ワークパッケージ	課題	重要度	影響範囲	完了条件	対応内容
1											
2											
3											

- チケットは手軽に作成・起票できるメリットがある
- 一方で、ルールを定めて運用しないと乱立して混乱を生じる

| 図4-26 | ポイントを押さえてツールを利用する |

利用開始前にPMやPMO他の関係者ですり合わせしてから利用する

ツールを利用する際のポイント
- 管理者と作成者を定める
- チケットで管理する事項の明確化
- 作成する際の事項の粒度
- 棚卸の周期
- 全体の運用

SaaSのツールを利用するのがトレンド

Jira Service Management、Trello、Redmine、Backlog、Asanaなどの名前は聞いたことがあるのでは？

Point

- ツールを利用してPMOの機能を管理するプロジェクトも増えている
- ツールのチケットは手軽に作成できるが、ポイントを押さえて利用したい

やってみよう

コミュニケーション管理の重要性

　従来PMOの機能を語るときは、進捗、課題、リスク、品質、ステークホルダー、コミュニケーション管理などの順にするのが通例でした。

　近年はそれらの機能の中でも、コミュニケーション管理の重要性が高まっています。コミュニケーションの場を管理（支配）することでプロジェクト運営を最適化できるからです。

　第4章の「やってみよう」では、携わっているプロジェクトや、ご自身がPMOになった場合に、どのようなコミュニケーション管理をするかを考えてみます。

　下表に、どのような会議体が必要か、会議体とは別にどのような手段で意見交換やコミュニケーションを取るかを整理してみてください。

会議体名称	会議体の概要
例）**全体会議**	責任者からリーダークラスまでが参加して意思決定の準備機関とする

コミュニケーション手段	コミュニケーションの概要
例）**グループチャット**	会議体ごとにグループチャットを設けて、会議の場以外でも随時意見交換を行う

先回りして設計することを心掛ける

　コミュニケーション管理では、一般的に管理する対象が多い方がコミュニケーションは活発化されます。一方で、多過ぎると管理は困難になります。

　いずれにしても先回りして設計しておくことが重要です。

ITプロジェクトでの役割

~プロジェクトに見るPMの果たすべき役割と機能~

第5章

5-1 ··· 新たなIT（攻め）、従来型IT（守り）

» システム構築タイプによる違い

システム構築タイプと特徴

　本章ではITプロジェクト、システム導入を前提としたPMの役割に重点を置いて解説を進めていきます。PMの行動や思考法をPMOが理解していることはITプロジェクトの成功の鍵でもあります。

　現在のITプロジェクトのシステム構築は、新たなIT（攻め）と従来型IT（守り）の2つのタイプに分けられます。それぞれ次のような特徴があります（図5-1）。

- **新たなIT**：短期開発、スピード重視、アジャイル、クラウドなど
- **従来型IT**：中長期開発、品質重視、ウォーターフォール、オンプレなど

　ITプロジェクトのタイプによって、開発規模や開発工数が変わることを理解し、その対応を図る必要があります。

PMやPMOに求めるものの違い

　ITプロジェクトはタイプや開発規模により、プロジェクトマネジメントの役割と与える影響は異なります。

　新たなITのPMやPMOは、新たなビジネスや技術領域に取り組むことから、伴走型で技術的な問題点や課題にも積極的に関与し、日々のプロジェクト活動を推進することを求められます。

　一方、従来型ITのPMやPMOは、基幹系システムのモダナイゼーションなど、多くのステークホルダーに対する説明責任を担うことが多く、俯瞰的な立場で中長期の見通しを持ってプロジェクトを推進することが求められます。

　システム構築のタイプにより、PMやPMOに求めるスキルセットやキャラクターを考えることもプロジェクト体制を考えるうえで重要です（図5-2）。

図5-1　新たなITと従来型IT

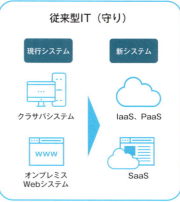

図5-2　新たなITと従来型ITでPMO/PMに求められるもの

PMO/PMに求められるもの	新たなIT（攻め）	従来型IT（守り）
技術	●データ収集：スマートフォン、センサーの活用 ●データ蓄積：クラウドストレージへの蓄積 ●データ解析：クラウドサービスの活用 ●システム例：IOTやAIシステム、データモニタリング	●現行システム：基幹系、情報系システムなど ●新システム：上記システムのモダナイゼーション ●再構築方針：リホスト・リライト・リビルド※　など ●システム例：基幹系（生産管理など）、情報系（経営分析など）
プロジェクトマネジメント	●アジャイル開発への対応 ●パッケージ、新技術への理解 ●プログラム観点、他プロジェクトとの連携	●ウォーターフォール型の適用 ●As-Is/To-Beへの理解 ●プロジェクト中心、ステークホルダーとの調整
スキルセット・キャラクター	●クラウド開発、パッケージ適用の経験 ●アジャイル開発 ●伴走型、技術的な課題にも積極的に関与	●レガシーシステム、オンプレ開発の経験 ●ウォーターフォール開発 ●俯瞰的な立場、ステークホルダーへの説明を担う

※リホスト・リライト・リビルド
リホスト：アプリケーションやプログラムには手を加えず、IT基盤を入れ替える手法
リライト：プログラムを新しい環境に合わせて、旧言語から新言語へ最適に書き換える手法
リビルド：現行のシステムを廃止し、新たにシステムを再構築する手法

Point

- システムの構築タイプには、新たなIT（攻め）と従来型IT（守り）の2つがある
- ITプロジェクトのシステム構築タイプにより、PMやPMOに求められるスキルセットやキャラクターは異なる

第5章　システム構築タイプによる違い

5-2 .... デジタル技術、DX認定

》 ビジネスや技術による違い

DXで用いられるテクノロジー

DXは企業や団体がデジタル技術を活用して経営や事業における変革を実現する取り組みをいいます。つまり、**デジタル技術**の活用が**DXプログラムを構成するITプロジェクトの与件**となります。DXで取り入れるデジタル技術には、次のような通信情報技術があります（図5-3）。

- AI（Artificial Intelligence：人工知能）　● IoT（Internet of Things）
- Web技術　● AR（Augmented Reality：拡張現実）
- クラウドコンピューティング　● VR（Virtual Reality：仮想現実）
- ブロックチェーン　● API（Application Programming Interface）

PMやPMOは、新たなITや従来型ITのプロジェクトにおいて、コンピュータや情報システムに何をさせるかをプロジェクト計画で定義します。

DX戦略とITプロジェクト

2022年9月に経済産業省から発表された「デジタルガバナンス・コード2.0」は、企業のDXに関する自主的な取り組みを促すため、デジタル技術による社会変革を踏まえた経営ビジョンの策定・公表など、経営者に求められる対応を取りまとめています。

その中で**DX認定**のための基準を定め「DX認定取得のために必要とされるプロセスのイメージ例」を公開しています。中でも（2）項「DX戦略」を策定するプロセスは、ビジネスモデルに基づく戦略検討やシステム化検討、体制構築など、ITプロジェクトで行うべき作業が多く含まれています（図5-4）。

つまりDXの成功のためには、**DXで実現したい事業や業務の企画を明確にして、要求に適した技術をITプロジェクトで実現できること**が求められています。

134

| 図5-3 | 主要なデジタル技術の例 |

- AI
- クラウドコンピューティング
- IoT
- Web技術
- ブロックチェーン
- AR/VR
- API

| 図5-4 | DX認定取得に必要なプロセスである「DX戦略」とITプロジェクトの関係 |

(1) 「経営ビジョン」を策定する

(2)、(2)①、(2)② 「DX戦略」を策定する ※DX戦略には下記の3点を含む

(3) 「DX戦略」の達成度を測る指標を決定する

(4) 経営者による「DX戦略」の推進状況などの対外発信を行う

DX戦略はITプロジェクトの目的と重なる内容を多く含んでいる

(2) DX戦略
- 経営ビジョンに基づくビジネスモデルを実現するための戦略を検討
- 上記戦略立案では、デジタル技術によるデータ活用を組み込むことを考慮する

(2)① 体制・組織および人材の育成・確保案

(2)② ITシステムの整備に向けた方策

(5) 「DX推進指標」などによる自己分析を行い課題を把握する

(6) サイバーセキュリティ対策を推進する
・セキュリティ監査の実施概要をまとめる

出典：経済産業省　商務情報政策局 情報技術利用促進課
「DX認定制度概要～認定基準改訂及び申請のポイント～」
(URL：https://www.meti.go.jp/policy/it_policy/investment/dx-nintei/dxnintei-point.pdf)
をもとに作成

Point

- デジタル技術の活用がDXプログラムを構成するITプロジェクトの与件
- DX戦略を推進できる体制と具体的な方策立案がユーザー企業に求められる

5-3 ウォーターフォール、アジャイル、ローコード開発

》 開発手法と工程での違い

ITプロジェクトの領域を整理する

従来のITプロジェクトは、既存ビジネスの特定の一部を自動化するためのシステム開発が主流でした。現在のDXを実現するITプロジェクトは、ビジネスとシステムの2軸で整理する必要があります。

ビジネスの観点は、UberやAirbnbのようなそれまでに存在しなかったビジネスを実現するものか、もしくはユーザー企業がこれまで提供してきた既存ビジネスの変革かで整理できます。また、システムの観点では、デジタル技術を活用した新システムか、既存の技術を活用したシステムかで整理できます（図5-5）。

プロジェクト計画をまとめる際には、**対象となるプロジェクトがどの領域のプロジェクトであるかを整理してリソースの準備をします。**

開発手法によるリリース時期の違い

ITプロジェクトの開発手法は、主に従来型ITに採用される**ウォーターフォール型**、新たなITに採用される**アジャイル型**（反復型）、さらにその2つを組み合わせたハイブリッド型の開発手法もあります（図5-6）。

近年、テレビCMでも語られている**ローコード開発**は、ユーザー主体の反復型に分類されます。

ウォーターフォール型と反復型の大きな違いは、リリース（本番稼働）が1回であるか、何回もリリースを繰り返しながら進めていくかにあります。現在のITプロジェクトでは、変化が目覚ましいビジネス要件を1回のリリースで達成することは難しいことから、ウォーターフォール型の開発手法を採用したITプロジェクトであっても、フェーズを分割してリリースを分けることが多くなっています。

もちろん、**いずれの開発手法を採用しても、ITプロジェクトを推進するというPMO/PMの役割に変わりはありません。**

図5-5　DX時代のITプロジェクトのパターン

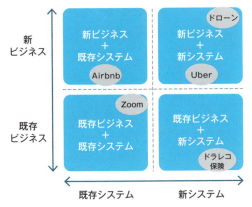

ビジネスを縦軸に
システムを横軸に設定する例

この例では、ユーザーと契約者をつなぐUberは新ビジネスで新システム、ユーザーと民泊の事業者をつなぐAirbnbは新ビジネスで既存システム（マッチングや予約は以前から存在）、自動車保険とドライブレコーダーを組み合わせたサービスは、既存ビジネス＋新システムなどのように位置づけている

図5-6　ウォーターフォール型とアジャイル型のリリース時期の違い

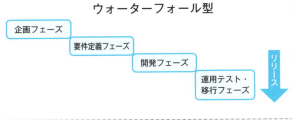

- 滝が流れるように、上流工程（フェーズ）のアウトプットを下流工程のアウトプットとして作業を遂行する
- 企画や要件定義などの上流工程（フェーズ）の計画を厳密に行い、下流工程での手戻りをなくすことに重点を置いている

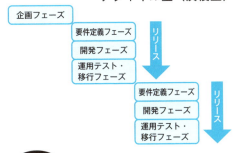

- アプリケーションを短期間のサイクルで徐々に開発する
- 各サイクルで、その時点の要件の変化を取り入れながら使用可能なシステムを段階的にリリースする

Point

- 対象となるITプロジェクトの領域を整理してリソースの準備をすること
- どの開発手法を採用しても、PMO/PMのITプロジェクトを推進する役割は変わらない

5-4　ITプロジェクトのPM

≫ ITプロジェクトで求められる PMの役割

プロジェクトマネージャーの役割

　選定されたメンバーをプロジェクトメンバーと定義すると、このメンバーを束ね、プロジェクトの運営責任を担うのがPMです。

　PMといっても、**ITプロジェクトのPM**と業務改善活動などITを対象としないPMでは大きな違いがあります。ITプロジェクトのPMは、対象となるシステムの開発技術の要点を押さえて、もの作りに対する責任を負います。

　ITプロジェクトのPMはプロジェクトの重要な局面で、選択・指摘・説明・保証ができるPMであることが必要です（図5-7）。

プロジェクトマネージャーのスコープ

　どんなに優秀なPMであっても、管理できる範囲、確認できる内容には限りがあります。PMがITプロジェクトのチームマネジメントで考慮すべきポイントは次の通りです（図5-8）。

❶1人のプロジェクトマネージャーが管理できるリーダーは最大10名程度
❷ピーク時のチーム数が10チーム以下で、かつチームの要員数が10名以下の場合は、プロジェクトマネージャーを含め2階層が基本
❸お金の流れ（発注）と指揮命令系統は一致させること
❹チーム単位にスケジュール、予算、要員計画を策定できる体制
❺指揮命令系統の一元化を図り、チーム間の兼任を認めないこと

　プロジェクト期間中に、自身がコントロールできる体制を構築するスキルルがPMには求められます。

図5-7　ITプロジェクトマネージャーに求められるスキル

ITプロジェクトマネージャー（PM）の役割

ITプロジェクトのPM — 技術・開発面
- 成果物責任：プロジェクトの成果物「もの作り」に対する責任を担う
- OJTなど

＋

通常のPM — 管理・運営面
- 成功責任：品質・コスト・納期の目標を達成し、プロジェクトを成功に導く
- 管理責任：プロジェクト計画に則りプロジェクトの管理、運営を行う
- PMBOKガイドや書籍多数あり

ITプロジェクトマネージャーに求められるスキル

選択できる	要件の実現性、技術課題、保守性などの観点から適用技術を選択できる
指摘できる	設計書、レビュー結果などから整合性、品質、技術面の課題を指摘できる
説明できる	適用技術、リスク、トラブル状況などを高い納得性を持って説明できる
保証できる	QCDをトレーサビリティ、実績、仕様などの観点から会社として保証できる

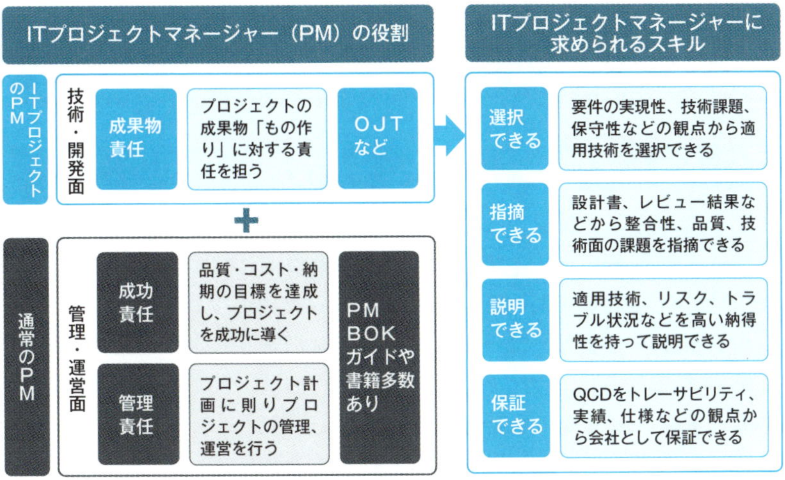

- PMBOKガイドが普及し、プロジェクトの管理面や運用面の知識を持つPMが増えた
- 一方で、ITプロジェクトでは技術・開発面など、「もの作り」に対する責任の比重が大きいことから、その部分を担うスキルが必要

図5-8　チームマネジメントのポイント

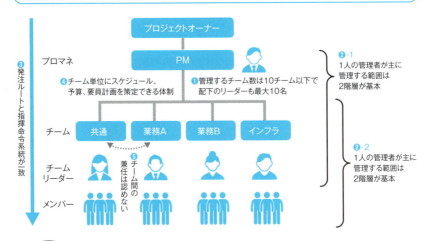

Point
- 選択・指摘・説明・保証できることがITプロジェクトのPMには必要
- PM自身がコントロールできる体制を構築するスキルがPMには必要

5-5 PMOの役割

» ITプロジェクトで求められる PMOの役割

プログラム推進とITプロジェクト推進との違い

　ここまで、ITプロジェクトにおけるプロジェクトの概要やPMの役割について述べてきました。本節ではPMOの役割について解説します。

　DXでは、目的や期間、提供時期の異なる複数のプロジェクトに対し、各プロジェクトの状況とゴールへの距離感を把握し、次の手を考えるのがPMOの役割でした。一方、ITプロジェクトでは、プロジェクトの技術的な側面、意義、採用される開発手法を理解し、PL（プロジェクトリーダー）やメンバーに寄り添った活動が求められます（図5-9）。

　ITプロジェクトにおいて、PMOはプロジェクト管理や運営、各工程の評価基準の支援などが主な役割となるため、図らずも現場のPLやメンバーとの距離が発生し、場合によっては両者が対立することもあります。このような状況を避けるために、DXのPMO以上に技術的な側面を理解する必要があります。

PMOが見るポイント

　では、なぜITプロジェクトのPMOが技術的な側面を理解する必要があるのでしょうか。1-1で説明したように、最近のプロジェクトでは、PMOは社内のリソースで構成されることよりも、外部のメンバーで構成されることが多くなっています。標準的なナレッジであるPMBOKの適用、第三者的な視点でのマネジメントなどは得意な一方で、技術的な課題やリスクへの対応が現場任せになると、ITプロジェクト全体に深刻な影響を与えることとなります（図5-10）。

　実際にPMOとしてITプロジェクトを回す立場となったときには、当該プロジェクトで採用する技術、アーキテクチャーの概要を理解しておくとともに、当該領域におけるキーパーソンとコミュニケーションを十分に取り、問題発生時に支援を得られるような信頼関係を構築しておくことが、ITプロジェクトにおけるPMO成功の秘訣です。

| 図5-9 | プログラムとITプロジェクトを推進するPMO/PMの特徴 |

プログラムを推進するPMO/PM

- DXプログラム全体を中心に管理
- 経営層、プロジェクトオーナーがカウンター
- 戦略的、経営志向、KGI・KPIを重視
- 経営会議、会社・プロジェクト間調整
- ロードマップを管理

ITプロジェクトを推進するPMO/PM

- ITプロジェクトを中心に管理
- 業務（利用）部門、ベンダーがカウンター
- 戦術的、目的志向、QCDを重視
- 工程会議、ステークホルダー・チーム間調整
- マスタスケジュール、WBSを管理

どちらの役割が重要だとか上下関係ということよりも、
それぞれの役割を明確にしたうえで、協力して推進する

| 図5-10 | ITプロジェクトでのPMOの位置づけ |

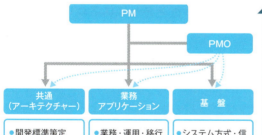

- PMOは、各チームが挙げてくる課題を管理するだけではなく、その内容を極力理解し、解決の道筋を立てることへの協力を惜しまない
- 特にキックオフからしばらくの期間、チーム間の信頼関係が構築されていない状況では、PMOが利害関係の調整を図る役割を担うことが重要
- PMOと各チーム間の信頼関係が開発期間ひいては本番稼働後の迅速なトラブルシューティングにも必要不可欠

Point

- ITプロジェクトのPMOは、より技術的な側面を理解することが重要
- ITプロジェクトの技術・開発領域のキーパーソンとコミュニケーションを取り、問題発生時には共に解決を図れる関係を構築することが重要

5-6 .... RFI、RFP

≫ ITベンダーの選定

DXプログラムにおけるITベンダーの選定

　前節までで、ITプロジェクトにおけるPMとPMOの役割について解説しました。ここで、重要なステークホルダーとなるITベンダーとの連携について述べておきます。

　現在のITプロジェクトは、DXプログラムにおける1つのサブテーマを担うことが多く、他のサブテーマを担うITプロジェクトの影響を受けることがあります。その対応を図るのもDXプログラムを支援するPMOの役割です。

　一方で、システムを実際に構築するITベンダーは、当初予算と期間内に品質基準を満たす成果物を納品することを目的とします。受注したITプロジェクトの変更だけでなく、**他プロジェクト起因の変更にも柔軟に対応できる契約**（**5-12**参照）、**体制がITベンダーには求められます**（図5-11）。

ITプロジェクトライフサイクルとITベンダー

　デジタル技術の活用がDXプログラムを構成するITプロジェクトの与件であることは**5-2**で述べた通りです。そのため、ITベンダーの選定にあたっては当該プロジェクトが採用するデジタル技術への経験値、体制構築の具体性などを見極めて選定する必要があります。

　ITプロジェクトの規模にもよりますが、ITベンダーの選定も1回で終わることはなく、RFI（Request For Information）を発行し、情報収集と一次選定を実施、選定を通過したITベンダーに対し、RFP（Request For Proposal）を提示して詳細な提案を受けます。

　ITベンダー選定の際、PMOやPMが果たす役割として、**必要な情報（プロジェクト概要、機能・非機能要求、前提・制約条件など）を漏れなく正確に伝えられる文書を用意すること**が重要です。まずはプロジェクトの目的、目標を文書でITベンダーに提示し共有することが大切です（図5-12）。

図5-11 全体ロードマップとITベンダースケジュールとの関連

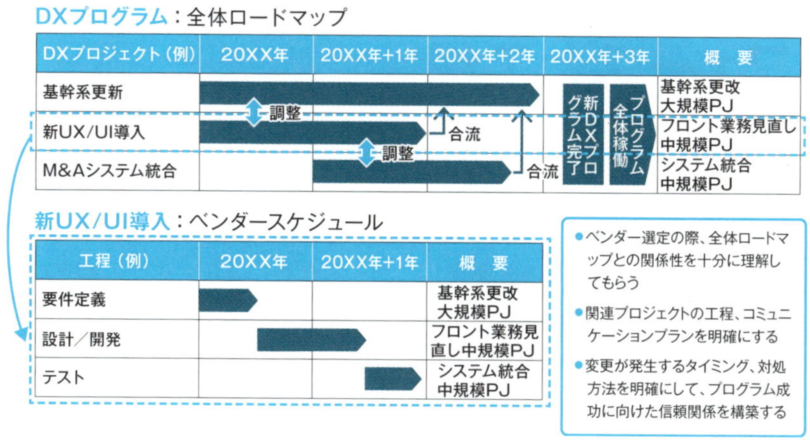

DXプログラム：全体ロードマップ

DXプロジェクト（例）	20XX年	20XX年+1年	20XX年+2年	20XX年+3年	概要
基幹系更新	←調整→			新DXプログラム完了 / プログラム全体稼働	基幹系更改 大規模PJ
新UX/UI導入			合流		フロント業務見直し 中規模PJ
M&Aシステム統合		←調整→	合流		システム統合 中規模PJ

新UX/UI導入：ベンダースケジュール

工程（例）	20XX年	20XX年+1年	概要
要件定義			基幹系更改 大規模PJ
設計／開発			フロント業務見直し中規模PJ
テスト			システム統合 中規模PJ

- ベンダー選定の際、全体ロードマップとの関係性を十分に理解してもらう
- 関連プロジェクトの工程、コミュニケーションプランを明確にする
- 変更が発生するタイミング、対処方法を明確にして、プログラム成功に向けた信頼関係を構築する

図5-12 ITプロジェクトとITベンダーとのモノのやりとり

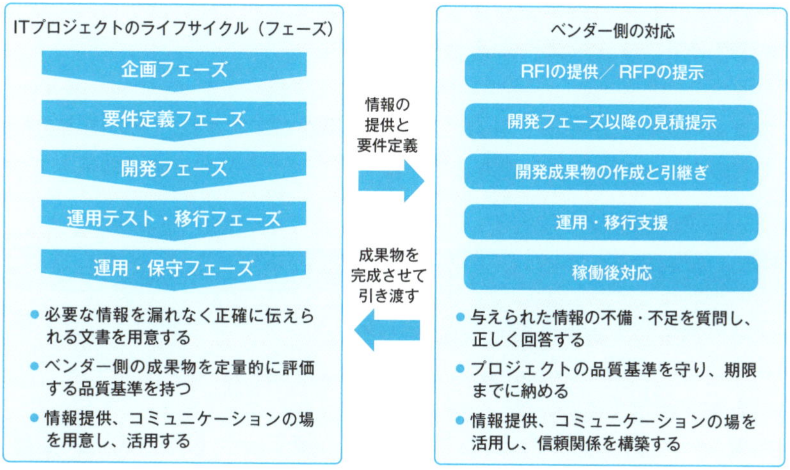

ITプロジェクトのライフサイクル（フェーズ）

- 企画フェーズ
- 要件定義フェーズ
- 開発フェーズ
- 運用テスト・移行フェーズ
- 運用・保守フェーズ

情報の提供と要件定義 →

成果物を完成させて引き渡す ←

ベンダー側の対応

- RFIの提供／RFPの提示
- 開発フェーズ以降の見積提示
- 開発成果物の作成と引継ぎ
- 運用・移行支援
- 稼働後対応

- 必要な情報を漏れなく正確に伝えられる文書を用意する
- ベンダー側の成果物を定量的に評価する品質基準を持つ
- 情報提供、コミュニケーションの場を用意し、活用する

- 与えられた情報の不備・不足を質問し、正しく回答する
- プロジェクトの品質基準を守り、期限までに納める
- 情報提供、コミュニケーションの場を活用し、信頼関係を構築する

Point

- 他プロジェクトを起因とする要件変更にも耐えられる契約、体制がDXに関わるITプロジェクトのITベンダーには求められる
- ITベンダーの選定にあたり、PMO/PMが果たす重要な役割は、ベンダーに必要な情報を漏れなく正確に伝えられる文書を用意すること

第5章 ITベンダーの選定

143

| 5-7 | フェーズ、工程、V字モデル |

» システム開発における フェーズと工程

ITプロジェクトのフェーズと工程

2-3で説明した通り、主にウォーターフォール型のITプロジェクトでは、進捗状況の予定と実績を把握し共有するために、スケジュールをフェーズや工程に分けて管理します。本書ではITプロジェクトを次の5つのフェーズに分けています（図5-13）。

- **企画フェーズ**：ビジネス構想、システム構想を企画する
- **要件定義フェーズ**：情報システムの要件を定義する
- **開発フェーズ**：アプリケーションを開発・テストする
- **運用テスト・移行フェーズ**：業務運用のテスト、移行を行う
- **運用・保守フェーズ**：本番稼働

各フェーズと工程では、目的に沿った成果物が作成され、その内容を検証して次のフェーズ・工程に進みます。ITプロジェクトの品質確保の基本です。

ITプロジェクトとV字モデル

ITプロジェクトの各工程について、プログラミングを底辺に設計工程の内容をテスト工程で動作検証を行うように計画することをV字モデルといいます（図5-14）。

通常、ITプロジェクトはRD（Request Definition、以下「RD」）工程でキックオフされることが多く、その前工程のシステム化計画（Vision Planning／System Planning、以下「VP/SP」）で作成された成果物をもとに要件定義書を作成し、後工程（User Interface Design、以下「UI」）に引き継ぎます。

V字モデルでは前後の工程の関連性は極めて強く、前工程の品質が悪いと次工程で想定を上回る（下回る）作業工数が発生し、スケジュール遅延となることがあります。

図5-13 フェーズと工程の概要

プロセス	工程名（工程名略称）	工程の概要
企画フェーズ	情報化構想立案（VP） IT Vision Planning	現状の事業環境と業務を調査・分析し、情報化の目標と施策を定義する
	システム化計画（SP） System Planning	情報化システム構想（全体または個別）をもとに、現行システム調査後の新業務の要件定義を行い、投資効果を評価し、開発の意思決定を行う
要件定義フェーズ	システム化要件定義（RD） System Requirements Definition	・現行調査を行うとともに、開発方法を決定し、リスクをステークホルダーと合意する ・システムを実現するために必要な要件の定義および全体方式の設計を行い、ステークホルダーと合意する
開発フェーズ	ユーザインタフェース設計（UI） User Interface Design	利用者から見たシステムの外部仕様およびシステムを実行するための仕掛け・しくみを設計し、ステークホルダーと合意する
	システム構造設計（SS） System Structure Design	システムの実装に向けた設計を行い、ユーザインタフェース設計で合意した仕様が反映されていることを確認する
	プログラム構造設計（PS） Program Structure Design	プログラム構造を設計し、プログラム詳細設計（定義体の設計を含む）を行う
	プログラミング（PG） Programming	プログラムおよびシステム環境を実装する
	プログラムテスト（PT） Program Test	単体レベルでの品質を検証する
	結合テスト（IT） Integration Test	結合した機能および機能間のインタフェースの品質を検証する
	システムテスト（ST） System Test	システム全体としての機能・非機能・運用などの品質を検証し、品質保証達成レベルに対する確認を行う
運用テスト・移行フェーズ	運用テスト・移行（OT） Operational Test and Transition	業務シナリオの検証および業務継続性の到達判断に基づき、本稼働の意思決定を行い、新システムへ移行する
運用・保守フェーズ	運用・保守（OM） Operation and Maintenance	ITシステムを、安全かつ安定的に稼働させるための計画を立案し、定期的な見直しと改善を行う

- ITプロジェクトでは、プロセスや工程で分けて進捗管理を行う
- 工程名はITベンダーごとに違いはあるものの、工程の概要レベルではおおむね同じ内容となっている

図5-14 V字モデルと工程の関係

- プログラミング（PG）工程を底辺に設計・開発工程の内容をテスト工程で検証する
- 図中のVP/SP、RDなどの文言は、図2-5の工程名称と対応している

出典：「システム構築の標準プロセス体系：SDEM」（『富士通 2012年3月号』）（URL：https://www.fujitsu.com/downloads/JP/archive/imgjp/jmag/vol63-2/paper15.pdf）をもとに作成

Point

- ITプロジェクトは5つのフェーズと各工程に分けられる
- V字モデルでは前後の工程の関連性は極めて強く、前工程の品質が悪いと次工程が大きな影響を受ける

5-8 .... システムを導入する理由

» プロジェクト開始時の留意点

システム導入の目的を明確にする

　ITプロジェクト開始時にPMが最初に明確にすべきことは、**システムを導入する理由**を明確にしておくことです。**2-10**では目標施策体系図を作成して、プロジェクトの目標と施策の関係を整理して、ゴールを明確にすべきと説明しました。**システム導入（構築）は上位目標達成に向けた施策の1つ**であり、最終的には目標達成に貢献することが目的となります（図5-15）。

　図5-15の目標施策体系図の例では、上位の取組目標「商品部業務の最適化」達成に向けた2つの課題のうち、「発注（最適な発注業務）」が自プロジェクトで解決すべき課題（CSF）であり、システム導入の目的であることをプロジェクトで共有することが必要です。

プロジェクトの方針を決定する

　システム導入の目的としてよくある例を以下に3点、挙げておきます。

❶**システム更改期限・老朽化により、新システムに移行したい**
❷**システム導入によりお客さまに新たなサービスを提供したい**
❸**システム導入で現在行っている業務の効率化を図りたい（楽になりたい）**

　❶のテーマはモダナイゼーション、❷と❸はDXプロジェクトに多い目的です。しかし、これら3つの目的を持ったITプロジェクトを推進する場合、PMがとるべきプロジェクトの方針は異なります（図5-16）。

　❶であれば、現状業務を停止することなく納期を守るために品質重視で開発期間に余裕を持ったプロジェクトになります。❷であれば、他社との競争を優位に進めるため時機を逃さない納期優先のプロジェクトになります。**PMはプロジェクトの目的を鑑みて、プロジェクト方針を決定する必要があります。**

146

| 図5-15 | 上位目標とシステム導入目的の関係 |

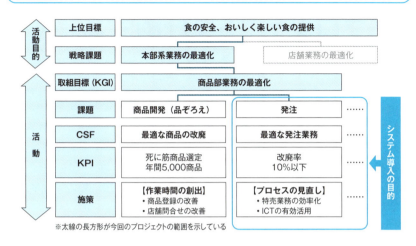

※太線の長方形が今回のプロジェクトの範囲を示している

| 図5-16 | プロジェクトの目的とプロジェクト方針（例） |

システム更改期限・老朽化への対応

 リホスト or リライト or リビルド など 【新システム】

システム導入により お客さまに新たなサービスを提供

求められるもの	・業務を止めない（安全性） ・稼働時期を守る（納期遵守） ・利用者への教育（業務運用）
開発期間	移行、ユーザー教育期間などを踏まえ、中長期になる（1年以上）
プロジェクト方針（例）	・As-Is分析を徹底し業務継承 ・コンティンジェンシープランの早期策定 ・十分なユーザー教育と並行稼働期間

求められるもの	・時機を逃さない（スピード） ・要求事項変化への対応（柔軟性） ・利用者へのわかりやすさ（UI/UX）
開発期間	短期開発、リリース時期を分割した適用など短期繰り返しになる（3カ月～半年×複数回リリース）
プロジェクト方針（例）	・PoC要件抽出とアジャイル適用 ・プロジェクトスコープの早期確定 ・インシデント対応とリリース改版計画

Point

- システム導入（構築）は上位目標達成に向けた施策の1つ
- PMはプロジェクトの目的を鑑みて、プロジェクト方針を決定する

5-9 ITプロジェクトの開始条件

» ITプロジェクトを計画する

ITプロジェクトの開始条件

1-15でプロジェクト立ち上げ前の整理として、ヒト・モノ・カネの3つの視点で検討するとわかりやすいと説明しました。本節で具体的に説明すると、ITプロジェクトの開始（キックオフ）では、要件定義フェーズ（RD）から始まることが多いと思います。その際、**ヒト・モノ・カネの観点で条件を整える**必要があります（図5-17）。

3つの観点すべてが同時にそろうことはまれです。大事なことはITプロジェクトで何を重視するかという評価軸（品質、期間、コスト）です。品質を重視するのであればモノ、期間を重視するのであればヒト、コスト重視であれば見積条件が整っていることが、**ITプロジェクトの開始条件**となります。

ITプロジェクト開始前に必要な準備

ITプロジェクトの開始前の準備でヒト・モノ・カネの手配と並行して、次の内容を「**プロジェクト計画書」のたたき台としてまとめます**（図5-18）。

- **作業の進め方、プロジェクトメンバーの役割を決める**：何をインプットとして要件を整理し、要件定義書に何を記載するか
- **ステークホルダーを選定し、必要なメンバーを体制に追加する**：体制図でメンバーに必要なスキルや権限、役割分担を確認する
- **マスタスケジュール（全体）とRDスケジュール（詳細）を作成する**：プロジェクト全体の進め方とRDで何をいつまでに行うかを決める

「プロジェクト計画書」のたたき台についても、プロジェクトオーナーは当然として、**ステークホルダーへの内容説明と合意が必要です**。

図 5-17　**ITプロジェクト開始条件**

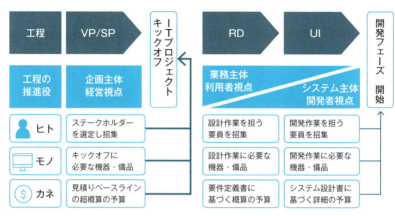

※各工程の開始時点・終了時点でヒト・モノ・カネがそろっていることを確認する

図 5-18　**ITプロジェクト開始前の準備**

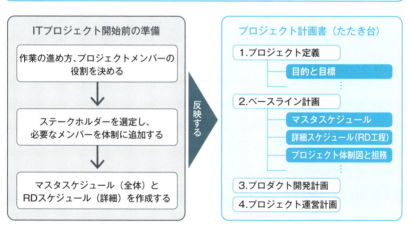

※「プロジェクト計画書」はITプロジェクトを推進するためのガイドライン。企画フェーズでたたき台を作成する（詳しくは5-10参照）

Point

- ITプロジェクトの立ち上げは、ヒト・モノ・カネの観点で条件を整える
- ITプロジェクト開始前に「プロジェクト計画書」のたたき台を作成してステークホルダーの合意を得る

5-10 プロジェクト計画書、ベースライン計画

» プロジェクト計画書の作成

プロジェクト計画書の構成

前節でITプロジェクト開始前に必要な準備として「プロジェクト計画書」のたたき台を作成し、関係者間で合意しておく必要があると解説しました。このプロジェクト計画書は、ITプロジェクトを推進する際の拠りどころとなります。**プロジェクト計画書はRDで初版を作成し**、次の内容で構成されます（図5-19）。

❶**プロジェクト定義**：プロジェクトの目的／目標、スコープ、WBS
❷**ベースライン計画**：見積り（スコープ）、スケジュール、体制、品質、リスク計画
❸**プロダクト開発計画**：成果物を作成する際の開発方針やフェーズ
❹**プロジェクト運営計画**：進捗、品質、コスト、リスクなどの管理
❺**別紙**：マスタスケジュールなど本体からリンクする資料

プロジェクト定義は、VP/SPで作成したシステム企画書・計画書やRFPから内容を抽出して作成します。プロジェクト定義はプロジェクト計画書の幹であり、変更する際はプロジェクトオーナーの承認を必要とします。

ベースライン計画の内容

ベースライン計画はプロジェクトの予定です。**プロジェクトはベースライン計画をもとに監視・コントロールします。**ベースライン計画には、機能数や画面・帳票・ジョブ数などから積み上げた**見積りベースライン**の他に、**スケジュールベースライン**と**品質ベースライン**があります。また、プロジェクト体制（組織と担務）、リスク対応計画もベースライン計画としてプロジェクト計画書に記載します（図5-20）。

150

| 図5-19 | ステークホルダー別に作成するプロジェクト計画書（例） |

プロジェクト計画書：全体

プロジェクト計画書：本体
- プロジェクト定義
- ベースライン計画
- プロダクト開発計画
- プロジェクト運営計画

本文

- 別紙

プロジェクト計画書：ステークホルダー別
- ベースライン計画

- プロジェクト運営計画

個別計画

- 別紙

- プロジェクトの目的や目標はステークホルダーごとに異なる。そのため、プロジェクト計画書はプロジェクト定義、プロジェクト運営計画以外の部分は、ステークホルダーごとに個別のプロジェクト計画書を作成して進める
- ベースライン計画、プロジェクト運営計画はステークホルダー別に作成を認めるが、そのベースは本体のプロジェクト計画書に準じるものとする

| 図5-20 | ベースライン計画の目次例 |

No.	ベースライン計画の項目	概　要	記載項目
1. 見積り（スコープ）ベースライン			
1	業務アプリ開発規模見積り	業務アプリケーションの作業量・作業期間、コストを算出する根拠となる開発規模を見積もる	計画時点の見積りの前提条件、根拠、明細（機能数・画面数・帳票数など）を記載する
2	システム基盤規模見積り	システム基盤構築に関する作業量、作業期間、コストを算出する根拠となるシステム基盤規模を見積もる	計画時点の見積りの前提条件、根拠、明細（システム構成図からシステム基盤や利用サービスの概算見積り）を記載する
2. スケジュールベースライン			
1	マスタスケジュール	プロジェクトのスケジュール全体を俯瞰で見られるようにマスタスケジュールを作成する	担当グループ、主担当、カレンダー、工程、マイルストーン、作業項目（WBS第1階層[※]）、主要作業パスを記載する
2	中期・詳細スケジュール	チーム個人の作業を管理できるよう、中期・詳細スケジュールを作成する	マスタスケジュールと同じ内容で詳細の作業項目（WBS第2～3階層[※]）を記載する
3. プロジェクト体制		プロジェクトの体制を明確にし、各グループ、担当者間のコミュニケーション・ルートや役割分担、承認を明確にする	プロジェクト体制図・プロジェクト担務表を作成し、システム利用者と仕様決定者を記載する
4. 品質ベースライン			
1	品質目標と設定根拠	各工程、本番稼働時の品質目標とその設定根拠を作成する	システム全体、サブシステム単位の障害摘出率などの品質目標、設定根拠を記載する
2	品質管理単位・品質指標	各工程、本番稼働時の品質管理単位とその指標を作成する	各工程で機能・サブシステム単位など、品質を管理する指標を記載する
5. リスク対応計画		プロジェクトに存在するリスクを抽出・分析し、それらの対応計画を一覧としてリスク管理表を作成する	リスク管理表はリスク事象、顕在化する確率、影響度、優先度、対応計画などを記載する

※WBSの階層は、業種やプロジェクトの規模で決定する。3階層程度にとどめた方が管理しやすく、見やすい

Point

- ITプロジェクトでのプロジェクト計画書はRDで初版を作成する
- プロジェクトはベースライン計画をもとに監視・コントロールする
- ベースライン計画には、見積りベースライン、スケジュールベースライン、品質ベースラインがある

第5章　プロジェクト計画書の作成

151

5-11 .... 準委任契約、請負契約

契約について考える

ITプロジェクトと契約形態

ITプロジェクトの重要性が高まるとともに、各工程の成果物の正しさを
ユーザー企業として精査することが求められることから、システム開発の
内製化の機運が高まっています。しかし、日本国内におけるITシステム
の開発では、工程実施に必要な要員を外部のITベンダーから調達するこ
とがほとんどです。

ITベンダーから調達する際には、次の契約形態が想定されます。

- **準委任契約**：事実行為（事務処理）を委託する契約
- **請負契約**：仕事の完成を義務づける契約

独立行政法人情報推進機構、経済産業省の「〜情報システム・モデル取
引・契約書〜（受託開発（一部企画を含む）、保守運用）＜第二版＞」で
は、**工程によりITベンダーとの契約形態を見直すことを推奨しています**
（図5-21）。

工程ごとに契約モデルを見直す理由

全工程を請負契約で行うことのリスクを示すデータとして、工程・フェ
ーズごとの契約形態と換算欠陥数の関係があります。大規模ITプロジェ
クトで一般的に用いられる「RD：委任、UI：委任、SS〜IT：請負」と
「全工程請負」の場合を比較すると、発生欠陥数の差が大きいことがわか
ります（図5-22）。

これは、「全工程請負」ではRD工程におけるユーザー企業の参画度合
いが低くなった場合、ユーザー受入れテストの段階で問題が発覚すること
を示しています。

工程ごとに適切な契約モデルを選択し、ユーザー企業が責任を持って各
工程を推進することでプロジェクト全体の成果物の品質を高められます。

図5-21　信頼性・成果物品質向上のための構築モデル

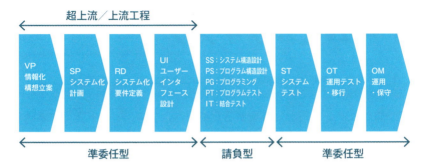

開発工程を分類する際に、VP工程からUI工程を超上流／上流工程に分類する場合がある
※他に委任契約もあるが、法律行為を委託する契約のため本書では除外する

出典：独立行政法人情報処理推進機構、経済産業省「〜情報システム・モデル取引・契約書〜（受託開発（一部企画を含む）、保守運用）〈第二版〉」をもとに作成

図5-22　契約モデルと換算欠陥数との案連

契約の パターン	工程ごとの契約モデル			換算 欠陥数※
	RD	UI	SS〜IT	
すべて委任	委任	委任	委任	29
SSから請負	委任	委任	請負	11
UIから請負	委任	請負	請負	57
すべて請負	請負	請負	請負	92
内製化	自社開発	自社開発	自社開発	39

換算欠陥数の差が大きい

※換算欠陥数：受入れテスト（通常、STで実施）から稼働後3カ月までに発見された欠陥数に3段階の重みづけをして合算した数値
　重みづけ：重度（×2）致命的で緊急対応が必要。中度（×1）は致命的ではないが緊急対応が必要
　軽度（×0.5）は緊急対応不要

出典：一般社団法人　日本情報システム・ユーザー協会「ユーザー企業　ソフトウェアメトリックス調査【調査報告書】 2012年版」(URL：https://www.juas.or.jp/cms/media/2017/02/12swm.pdf) をもとに作成

Point

- 工程によりITベンダーとの契約形態を見直すことが推奨されている
- 適切な契約によりプロジェクト全体の成果物品質を高められる

5-12 メンバー選定、チームビルディング

≫ メンバー選定と チームビルディング

メンバー選定とリスク

ITプロジェクトを円滑に推進するためには、プロジェクト遂行に必要な体制を計画して構築する必要があります。優秀なPMは、必要なスキルを持った要員を選定し、自らのプロジェクトに参画させるスキルがあるともいえます。メンバー選定にあたっては、次のリスクがあり得ることを考慮します。

- **要員調達不足**：要員調達ができていない状況でプロジェクトを開始し、要員不足によりタスクが消化できず、結果としてスケジュール遅延が発生する（図5-23）
- **要員スキル不足**：要員数は足りているが、予定したスキル保有者を確保できず、結果として成果物の品質が悪化。スケジュール遅延やコスト超過が発生する（図5-24）

PMだけで解決できない場合は、その状況をエスカレーションし、優秀な人材を紹介してもらうなどの対応も必要です。

チームビルディング検討の観点

ITプロジェクトにおける**チームビルディング**では、次の3つの観点で検討することが必要です。

- **プロジェクト体制の構築時**
- **プロジェクト体制の変更時**
- **委託先の管理**

チームビルディングはPMが主体で行う作業になりますが、PMOもメンバーのスキル・力量やチーム間の力関係などのバランスを第三者観点で評価することで、孤独になりがちなPMを支援することは可能です。

154

図5-23 要員調達不足で発生する遅延の例

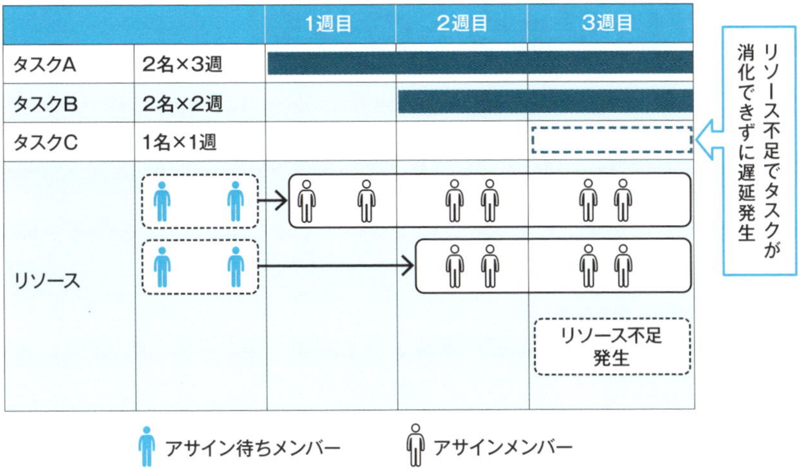

1週目
2週目
3週目
タスクA
2名×3週
タスクB
2名×2週
タスクC
1名×1週
リソース
リソース不足発生
リソース不足でタスクが消化できずに遅延発生
アサイン待ちメンバー
アサインメンバー

図5-24 予定したスキル保有者を確保できない例

プロジェクトオーナー
プロジェクトマネージャー
PMO
共通
業務A
業務B
インフラ
標準化
フレームワーク
横展開

左記の例で共通チームのスキルを持つメンバーがいない場合

- 業務チームが複数ある、インフラチームを立てるようなプロジェクトの場合、標準化・フレームワーク・インシデントの横展開を行うチームが必要
- 一方で標準化・フレームワーク・インシデントの横展開を行うスキルを持つメンバーの需要は高い
- 共通チームの要員がアサインできない場合、プロジェクト全体の品質問題が発生するリスクがある

Point

- メンバー選定では、要員調達不足、要員スキル不足のリスクがあり得る
- チームビルディングを行う際は、体制構築時、体制変更時、委託先の管理の観点で検討することが必要

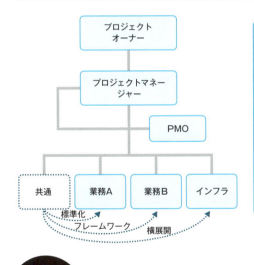

ITプロジェクトの体制

プロジェクト体制図の作り方

ITプロジェクトは、通常は1つのプロジェクトだけで構成されるものではなく、ユーザー企業とITベンダーのそれぞれにプロジェクトの**体制が構築**されます（図5-25）。

複数のプロジェクトで体制が構築される場合、それぞれのプロジェクトに同じ役割の担当が存在します。これをカウンターパートと呼び、プロジェクト活動中はコミュニケーションを密にして、お互いに協力しながらプロジェクトを推進します。例えば、プロジェクトの納期を変更する場合は、プロジェクト全体の課題として経営層が対応を図りますが、個々の課題解決や品質改善にはPM層以下の階層で対応を図ります。また、PMOはPMを支援する立場なので、プロジェクト全体もしくは企業内で活動を行うため、カウンターパート制はとらないことが多いです。

ユーザー企業とITベンダー双方のプロジェクトがそれぞれの役割を果たし、**各層のカウンターパートがプロジェクト目標達成のために協力することが、ITプロジェクトの成功につながります。**

定常業務とプロジェクトの関係

プロジェクトと対をなす業務として、ルーティンワークとも呼ばれる**定常業務**があります。定常業務は、目的を達成するために継続的に繰り返し行われる業務です。組織に課された目的・目標を継続的に行うための活動で、いわば組織活動のベースとなります。プロジェクトを推進する際は、プロジェクトが定常業務を行う中での臨時的な活動として行われることを認識して、**5-9**で述べたようなヒト・モノ・カネを準備する必要があります（図5-26）。

また、**プロジェクトで作り上げた成果物は、定常業務で活用されることによってその目的を果たせます。**そのため、定常業務を行うメンバーに要件定義フェーズから参加してもらうことが重要です。

| 図5-25 | ユーザー企業とITベンダーのプロジェクト体制図の例 |

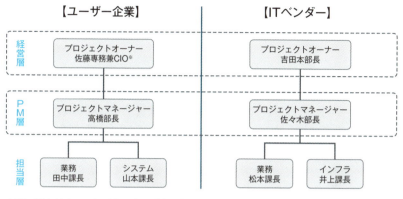

※CIO（Chief Information Officer）：IT全般の責任者

PMOは、ユーザー企業、ITベンダー双方に設置される場合、どちらか一方に設置される場合、設置しない場合がある。設置する場合はPM層と担当層の間に設置されるが、カウンターパート制はとらないことが多い

| 図5-26 | 定常業務とプロジェクトの関係 |

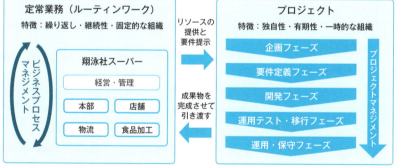

- プロジェクトで完成させた成果物は、定常業務で活用することにより、プロジェクトの目的・目標を達成できる。そのことを定常業務およびプロジェクト双方のメンバーで認識し活動することで、ビジネスの成功に貢献できる
- 定常業務の組織を運営する活動をビジネスプロセスマネジメント、プロジェクトを運営する活動をプロジェクトマネジメントという

Point

- 各層のカウンターパートが協力することがITプロジェクトの成功につながる
- プロジェクトの成果物が定常業務で活用されることにより目的を達成できる

5-14 ···················· 見積り、アーンド・バリュー・マネジメント

» コストからプロジェクトを見る

コスト算出のベースとなる見積り

1-16で説明した通り、ITプロジェクトを管理する評価軸は品質と期間とコストの3つです。中でもコストは、他の2項目（品質と期間）の影響により変化する項目であり、ITプロジェクトの最後まで監視が必要です。

コスト算出のベースとなる見積りのやり方としては次のものがあります。

- **類推法**：過去の類似プロジェクトを参考に見積もる方法
- **積み上げ法**：作業の構成要素にかかるコストを積み上げる方法
- **パラメトリック法**：過去の実績と関連する変数を使って見積もる方法

見積りの確度は工程が進むにつれて、確からしさ（精度）が上がります。 このようなイメージをステークホルダーと共有しておくこともPMやPMOの重要な役割です。

コストをコントロールする

プロジェクト実行段階に入ったプロジェクトのコストを管理する方法が**アーンド・バリュー・マネジメント**（EVM）です。**実際の作業量（EV：アーンド・バリュー）と使用したコスト（AC：実コスト）、予算額（PV：プランド・バリュー）の3点を監視し、現時点と完成時点のコスト状況を分析・コントロールします**（図5-28）。

EVMの用語、計算式をすべて暗記する必要はありませんが、プロジェクトの現状と完成時の予測をコスト面から定量的に表せるため、PMがステークホルダーに状況説明するためには有効なツールといえます。

EVMで使用される基本的な用語は図5-28の通りです。

EVMはPMにとって、武器となり得る管理方法です。しっかりと理解しておきましょう。

図5-27　アーンド・バリュー・マネジメント（EVM）の例

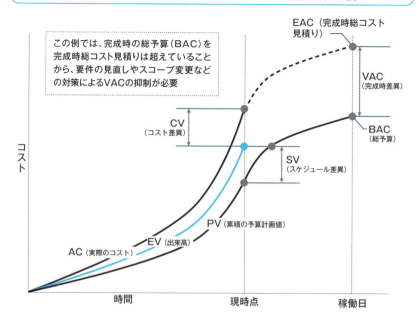

図5-28　EVMで使用される基本的な用語

	EVA項目	定義	計算式
BAC	Budget at Completion	総予算	見積り結果を反映した予算
EV	Earned Value	出来高	現在の作業進捗
PV	Planned Value	累積の予算計画値	現在まで使うべき予算の累積
AC	Actual Cost	実際の累積コスト	実際に使用した金額の累積
CV	Cost Variance	コスト差異	=EV-AC
SV	Schedule Variance	スケジュール差異	=EV-PV
EAC	Estimate Value at Completion	完成時総コスト見積り	完成時の累積実コストの見積り
VAC	Variance at Completion	完成時差異	=BAC-EAC

Point
- 見積りの確度は、工程が進むに連れて精度も上がる
- 実際の作業量と実コスト、予算額を監視し、コストをコントロールする

工程完了、工程完了判定会議

終了条件に基づく完了

フェーズごとの終了条件

4-4で、フェーズとゲートチェックは不可分の関係であることと、次工程への移行を当然のものとして進めてはならないことを説明しました。本節では具体的に**工程完了**の進め方を考えます。

工程完了時に最低限確認すべきことは、①工程で予定していた作業の完了、②工程で作成する予定の成果物の完成、③次工程を開始するための前提条件、の3点に集約されます（図5-29）。工程内の課題は、このタイミングで最終的な決着を図ります。以下は工程完了時に決着を要する課題の例です。

- マスタスケジュールの見直しが必要となる課題
- 投資対効果の見極めが必要な課題
- 他プロジェクトへの影響が発生する課題

特にDXプログラム内のITプロジェクトは、プロジェクト同士の関係が密であるため、関係するプロジェクトに対し早めのエスカレーションが必要です。また、他プロジェクト起因の作業が発生した場合にも柔軟な対応ができるように、準備をしておくことが必要です

フェーズ・工程の完了判断

各フェーズの工程完了判断は、予定した作業・成果物がQCDの基準を満たし、完了しているかで判断します。完了判断は**工程完了判定会議**を開催し、作業タスクの実績報告、作業内容・成果物の品質評価、次工程開始の前提条件、申し送り事項（課題）の報告を行います（図5-30）。プロジェクトオーナーは報告内容の妥当性を確認し、予算・スケジュール、成果物の承認を行います。

工程完了判定で重要な点は、次工程に進むことへの納得感があることです。

| 図5-29 | フェーズごとの終了確認と次フェーズ開始条件の確認 |

工程の終了確認

①工程で予定していた作業の完了　②工程で作成する予定の成果物の完成

次工程の開始条件確認

③次工程を開始するための前提条件、工程完了時に決着を必要とする課題を見極める

| 図5-30 | フェーズごとの完了判断 |

完了判断は工程完了判定会議などを開催して行う

Point

- 工程完了時に最低限確認すべきことは、予定していた作業の完了、作成予定の成果物の完成、次工程で開始するための前提条件の3点に集約される
- 各フェーズの完了判定は、ステークホルダーの納得感を得ることが重要

やってみよう

PMらしいドキュメント

　第5章ではITプロジェクトにおけるPMとPMOの役割や機能の違いについて見てきました。PMとPMOの違いを象徴するものの1つとして、プロジェクト計画書の作成が挙げられます。第5章の「やってみよう」では、PMになったつもりでプロジェクト計画書の構成について考えてみましょう。

　5-10では4つの観点のユニットから構成される例を紹介していますが、4が2や3に集約、あるいは5や6に細分化されてもいいので、ご自身でしっくりくる構成を考えてみてください。もちろん用語の使い方も自由に変更してください。

ご自身の構成案

ユニット例	概　要

3つの観点の例

　以下に3つの観点で構成した例を示しておきます。

3つの観点からの構成例

ユニット例	概　要
基本計画	プロジェクトの定義・目的・目標、スコープ、WBS、スケジュール、体制、品質、リスク管理
システム開発計画	成果物を作成する際の開発方針やフェーズ
プロジェクト管理計画	進捗、品質、コスト、リスクなどの管理

上記は一例ですが、3つにまとめてもスッキリします。

第**6**章

ITプロジェクトでの工程別の活動

〜工程別に見る活動と作成物の違い〜

6-1 .... システム企画、要件定義、要件定義書、RD

» ITビジネスの熾烈な戦いから

ITビジネスの争奪戦となっている工程

本章ではPMOが携わる案件の多数派を占めるITプロジェクトでの活動について見ていきます。その前にITコンサルティングやSIなどのITビジネスにおいて争奪戦となっている工程について述べておきます。

ITベンダーは従来のSI中心のビジネスから、上流といわれるコンサルティングビジネスを強化しています。システムの構想立案や企画の段階から入ることで、その後の商談を優位に運ぶとともに、利益率の高い上流工程からの参画を目指しています。一方、コンサルティングファームは上流だけでなく、SIや、その後の運用に至るまで、ビジネス領域の拡大の準備を進めています。短期のコンサルティングビジネスに対して、SIやシステム運用のような長期かつ大規模なビジネスは魅力的と考えているからです。

図で示すと、その交点には上流工程と呼ばれる構想立案と後半のシステム企画、要求事項の取りまとめ、さらには要件定義があります（図6-1）。つまり、このあたりの工程を誰が制するかがポイントになります。

要件定義は非常に重要な工程

システム企画の工程では、PMやPMOはシステム導入の目的を明確にしてステークホルダーの合意を得ることを目指します。

続く要件定義の工程では、PMやPMOは**情報システムで必要とするものを**「**要件」として定義し、**要件定義書にまとめます。要件定義はRequirements Definitionを省略してRDと呼ばれることもあります。

要件定義書は情報システム開発プロジェクトに関係するステークホルダーが、情報システムで必要とするものを協力してまとめる合意文書となります（図6-2）。ステークホルダーが重視する項目や指標が異なる中で、**具体的に全体の要求を取りまとめることから、その後の工程を含めたITプロジェクトの方向性を握る非常に重要な工程**といえます。

164

図6-1　ITビジネスの争奪戦となっている工程

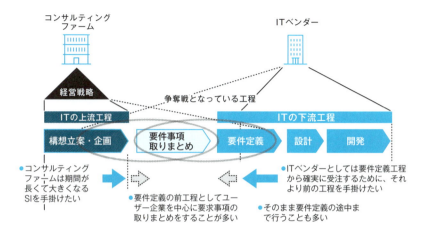

図6-2　要件定義書とステークホルダーの関係

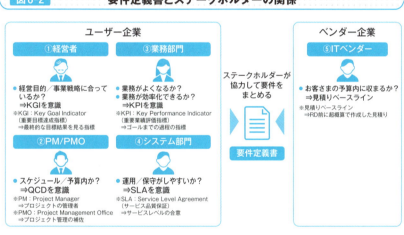

> **Point**
> - ITやコンサルティング業界にとってはシステム企画から要件定義がホットな工程であることも、ITプロジェクトに携わるPMOには意識してほしい
> - 要件定義は情報システムで必要とするものを「要件」として定義して要件定義書にまとめるものだが、ステークホルダー全体の合意文書でもあることから、後の工程を含めたITプロジェクトの方向性を握る非常に重要な工程といえる

6-2 情報化構想立案、システム化計画

》 構想立案とシステム企画

VP/SPの位置づけ

前節で構想立案とシステム企画は要件定義とともに重要な工程であると解説しました。厳密には、情報化構想立案（IT Vision Planning、以下 VP）やシステム化計画（System Planning、以下 SP）などと呼ばれることもあります。**VP/SP工程は、経営戦略に密接に対応した情報化戦略を策定し、ドキュメントを作成します**（図6-3）。

VP工程で作成するシステム構想書や中長期計画は、部門や組織、全社の経営戦略などから引用し、情報化の目的・施策などを整理します。

SP工程では、まず As-Is 把握をします。ただし、SP工程での As-Is 把握は業務を中心とした把握で、システム化業務フローまでは作成しません。それらをもとに、新業務の要件定義や投資効果を判断するためのシステム企画書などを作成して、RD工程につなげます。

RFPという存在

RD工程からは、やや高度な IT スキルが要求されることから、IT ベンダーに協力を求めることも多いです。

そこで、VP/SP工程の終わりが見えてくる時期や、終了した段階から RD工程をどのように進めるかの提案を依頼する提案依頼書（Request For Proposal、以下 RFP）を作成して、**5-6**で解説したように、IT ベンダーから RD工程の進め方およびシステム化の提案を受けることも多いです。

PMやPMOはRFPの作成に携わることもあります。例えば、IPA などには多数の RFP の事例があります。図6-4のように工程に応じた RFP のサンプルも示されています。RFP を作成できることは立派なスキルでもあります。

IT プロジェクトではこういったスキルを持っているかどうかで、PMO のプロらしさが伝わります。

166

図6-3 VP/SP工程のプロセスと作成物

- VP/SPで行うAs-Is把握は業務視点でまとめる
- 小規模プロジェクトなど、VP/SP工程を省略した場合でも、これらの成果物を作成する

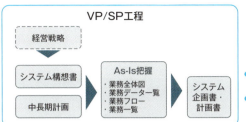

工程名	成果物の目的と作成ドキュメント
情報化構想立案（VP） IT Vision Planning	• 情報化の目標と施策を定義するための、システム構想書を作成する • 投資の計画をするための中長期計画を作成する
システム化計画（SP） System Planning	• 現行業務を把握するため、業務全体図、業務フロー、業務一覧、業務データ一覧を作成する（SP工程におけるAs-Is把握では、システム化業務フローは作成しなくてもよい） • 新業務要件定義や投資効果を評価するための、システム企画書・計画書を作成する

図6-4 RFPの事例（RD工程）

RFPの内容	システム化の方向性 （VP工程後のSP提案依頼）	システム化計画 （SP工程後のRD提案依頼）	要件定義 （RD工程後のシステム構築依頼）
表題	システム化構想 提案依頼書（RFP）	経営支援システム開発 提案依頼書（RFP）	（同左）
全体ページ数	12	27	44
目次（抜粋）	提案依頼の背景・目的、 提案依頼事項など	プロジェクト概要、 業務・システム概要、 開発条件、提案依頼事項など	プロジェクト概要、業務・システム概要、機能要件、非機能要件、開発条件、提案依頼事項など
提案依頼事項	情報システム化イメージ および実現方法を提案すること	情報システムのシステム設計、ソフト開発、システムテストの具体的な実現方法を提案すること	（同左）
費用	トータルの開発費用（システム設計・ソフト開発・システムテストを含む）を明記すること	システム設計費、ソフト開発費、システムテスト費を明記すること	（同左）

※RD工程の提案を依頼するRFPの例は、ハイライト部分「システム化計画」になる

出典：IPA「超上流から攻めるIT化の事例集：各社資料一覧」（URL：https://www.ipa.go.jp/sec/softwareengineering/tool/ep/ep3.html）掲載のRFP事例をもとに作成

Point

- VP/SP工程では経営戦略に密接に対応した情報化戦略を策定し、ドキュメントにまとめる
- RD工程からはRFPを作成してITベンダーに協力を求めることもあるので、RFPの作成をできるようにしておく必要がある

6-3

ITプロジェクトの目的と予算、スケジュール

» 要件定義の全体像

要件定義の進め方

要件定義は**6-1**で解説したように、情報システムで必要とするものを要件とし、定義してまとめることです。

具体的には次の取り組みを行います（図6-5）。

❶業務を分析し、ビジネス要件とシステム化要件を定義する
❷予算とスケジュールで要件を取捨選択する
❸決定した予算とスケジュールと要件で合意・承認を得る

言い換えると、要件定義は情報システムで必要な機能を定義し、**ITプロジェクトの目的と予算、スケジュール**を考慮して**要件定義書としてまとめ、ステークホルダー全体で合意形成する**工程ともいえます。

要件の調整もある

一般的にITプロジェクトの要件は当初の想定よりも膨らむことが多く、その調整に多くの時間を要することをPMやPMOは知っておく必要があります。そのため、要件を評価する軸や基準をステークホルダーに示して事前に合意を得ておく必要があります。

代表的な評価軸として、**コスト優先、納期優先、ステークホルダーの満足度優先**の3つがあります（図6-6）。どの評価軸を優先するかによって、とるべき対策が変わります。

例えば、コストや納期を優先評価軸とするなら、コスト内および納期内に収まるように要件を減らします。また、満足度優先であれば、要件を減らすことなく段階的にリリースして要望に応えるようにします。

図6-5　要件定義の進め方

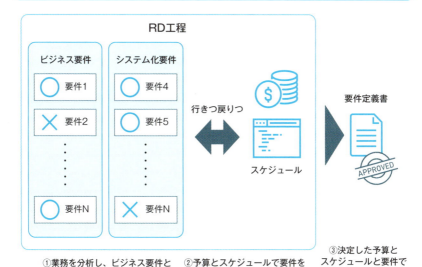

図6-6　要件を評価する軸

PMやPMOは要件を評価する軸を知っておく必要がある

Point

- ITプロジェクトの目的と予算、スケジュールを考慮して要件定義書にまとめて合意を得る
- 要件を評価する軸として、コスト優先、納期優先、ステークホルダーの満足度優先がある

ビジネス要件とシステム化要件

要件定義の進め方

前節の続きになりますが、要件定義のプロセスは図6-7のように、大きくビジネス要件とシステム化要件の2つに分かれます。

ビジネス要件では、図6-7のように、①ステークホルダーの把握から始まり、②As-Is（現状の姿）把握、③問題・ニーズ把握、④施策検討の後で、⑤To-Be（あるべき姿）検討を実施します。

システム化要件では、To-Be検討結果をもとに、⑥機能要件を作成し、⑦データ構造設計、⑧インタフェース設計を実施し、⑨非機能要件をまとめて、最後に⑩運用・移行計画をまとめます。

要件の調整もある

ビジネス要件とシステム化要件を整理する中で関係者が具体的に行うことを、図6-8にプロセスごとにまとめています。**要件定義に携わるPMやPMOであれば、先ほどの①から⑩の要件定義の工程とともに、それぞれのプロセスで何をするかを知っておく必要があります。**また、次のような問題も多発するので心構えとして覚えておきましょう。

- 現場は自部門のみの業務しか把握しておらず業務全体を把握していない
- As-Isドキュメントが古い、そもそもドキュメントがない
- 問題、ニーズ、施策がそろわない
- 施策を全部手掛けると開発費が膨大になる可能性がある

これらに対処するためには、業務の全体を表す図を作成して、ステークホルダーが同じ土俵に立って議論できるようにします。また、要求を整理していく中で、優先順位を想定することも重要です。

図6-7 　　　　　　　　**要件定義のプロセスの進め方**

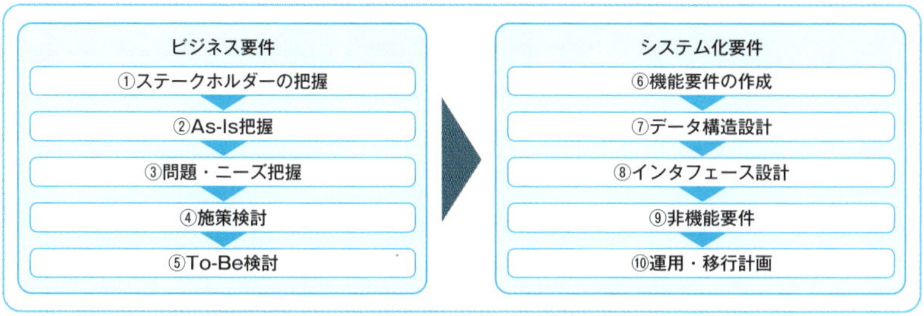

ビジネス要件
- ①ステークホルダーの把握
- ②As-Is把握
- ③問題・ニーズ把握
- ④施策検討
- ⑤To-Be検討

システム化要件
- ⑥機能要件の作成
- ⑦データ構造設計
- ⑧インタフェース設計
- ⑨非機能要件
- ⑩運用・移行計画

- ビジネス要件：業務を明らかにし、あるべき姿のシステム化を検討するプロセス
- システム化要件：システム化するための要件（機能、データ、画面、帳票など）を検討するプロセス

図6-8 　　　　　　　　**各プロセスで行うこと**

RDのプロセス	小プロセス	成果物の目的と作成ドキュメント
ビジネス要件	ステークホルダー把握	ステークホルダーの関係性を可視化するため、関連図や一覧を作成する
	As-Is把握	・現行業務を把握するため、業務全体図、業務フロー、業務一覧、業務データ一覧を作成する ・業務の中で使っているICTを把握するため、システム化業務フローを作成する
	問題・ニーズ把握	・業務の問題点／ニーズをワークショップなどで把握・可視化する ・一覧や体系図を作成する
	施策検討	・業務の問題点／ニーズに対する施策をワークショップなどで検討・可視化する ・一覧や体系図を作成する
	To-Be検討	・あるべき姿の業務を表現するため、業務全体図、業務フロー、業務一覧、業務データ一覧を作成する ・あるべき姿の業務で使うICTを把握するため、システム化業務フローを作成する ・現行とあるべき姿を一目で可視化するための、As-Is・To-Be図を作成する

- ビジネス要件では、主に業務系のドキュメントをまとめる
- システム化要件につなげるためのドキュメントとして、To-Be検討を作成する

RDのプロセス	小プロセス	成果物の目的と作成ドキュメント
システム化要件	機能要件	ICTで実現する機能を把握するため、機能一覧や要求仕様を作成する
	データ構造設計	システムで扱うデータを把握するための、エンティティの一覧やCRUD図※を作成する
	インタフェース設計	人や他システムとのインタフェースを表現するための、画面、帳票、外部インタフェースの一覧や画面・帳票イメージなどを作成する
	非機能要件	システムが動作するコンピュータ基盤や、サービスレベルを明らかにするための非機能要件やシステム全体図などを作成する
	運用・移行計画	システム開発後のスムーズな運用のため、RDの段階から運用要件計画、移行計画を作成する

- システム化要件では、主にシステム化するためのドキュメントをまとめる
- ※CRUD図：どの機能がどのデータをCreate（作成）、Read（読み出し）、Update（更新）、Delete（削除）するかを表の形で整理したもの

Point

- 要件定義のプロセスは、ビジネス要件とシステム化要件の2つに分かれて進められる
- 要件定義に携わるPMやPMOは、要件定義の工程とともに、それぞれのプロセスで何をするかを知っておく必要がある

機能要件と非機能要件

非機能要件とは?

RD工程では、ビジネス要件として業務を明らかにして、To-Be検討結果をもとに機能要件を作成します。その後、機能、データ、インタフェースなどのシステムのイメージがしやすい要件を整理して、非機能要件、運用・移行計画を作成してまとめます。

機能要件やシステムのイメージがしやすいところまでは、ユーザーが求めている機能そのものと見ることができますが、非機能要件や運用・移行計画はどちらかといえば、システムのプロが改めて確認する要件です。

非機能要件は、図6-9のように、**可用性、性能・拡張性、運用・保守性、移行性、セキュリティ、システム環境／エコロジーなどの、ユーザーが想像するには難しい項目**です。しかし、機能要件に対して、要求通りに動くシステムを提供するためには必須の検討事項です。

非機能要件の検討を忘れないように

非機能要件では、ユーザーとシステム部門、あるいはユーザー企業とITベンダーの意向が乖離することが多いです。ユーザーにとって非機能要件を取りまとめることは、自らの業務をまとめる業務要件と比べて、**ITの専門性が必要となるから**です。

一方、ITベンダーとしても、業務要件が見えていない状況では、非機能要件の必要性を説くのも難しいといわれています。

PMやPMOは、ユーザーによっては、非機能要件の必要性から説明しなければならないこともあります。特に新しいシステムや、古いシステムから基盤が異なるシステムなどに変わる場合には注意を要します。

そんなときには、図6-9を思い出して、チェックシートやユーザーとの認識合わせのツールとして使ってください（図6-10）。

図6-9　非機能要求のグレードの項目

大項目	説明	要求の例	実現方法の例
可用性	システムサービスを継続的に利用可能とするための要求	・運用スケジュール（稼働時間・停止予諦など） ・障害、災害時における稼働目標	・機器の冗長化やバックアップセンターの設置 ・復旧・回復方法および体制の確立
性能・拡張性	システムの性能および将来のシステム拡張性に関する要求	・業務量および今後の増加見積り ・システム化対象業務の特性（ピーク値、通常時、縮退時など）	・性能目標値を意識したサイジング ・将来へ向けた機器・ネットワークなどのサイズと配置＝キャパシティ・プランニング
運用・保守性	システムの運用と保守サービスに関する要求	・運用中に求められるシステム稼働レベル ・問題発生時の対応レベル	・監視手段およびバックアップ方式の確立 ・問題発生時の役割分担、体制、訓練、マニュアルの整備
移行性	現行システム資産の移行に関する要求	・新システムへの移行期間および移行方法 ・移行対象資産の種類および移行量	・移行スケジュール立案、移行ツール開発 ・移行体制の確立、移行リハーサルの定義
セキュリティ	情報システムの安全性の確保に関する要求	・利用制限 ・不正アクセスの防止	・アクセス制限、データの秘匿 ・不正の追跡、監視、検知 ・運用員などへの情報セキュリティ教育
システム環境・エコロジー	システムの設置環境やエコロジーに関する要求	・耐震／免震、重量／空間、温度／湿度、騒音などシステム環境に関する事項 ・CO_2排出量や消費エネルギーなど、エコロジーに関する事項	・規格や電気設備に合った機器の選別 ・環境負荷を低減させる構成

出典：IPA「非機能要求グレード 2018 利用ガイド［解説編］」をもとに作成

図6-10　非機能要件で起こる問題への対処例

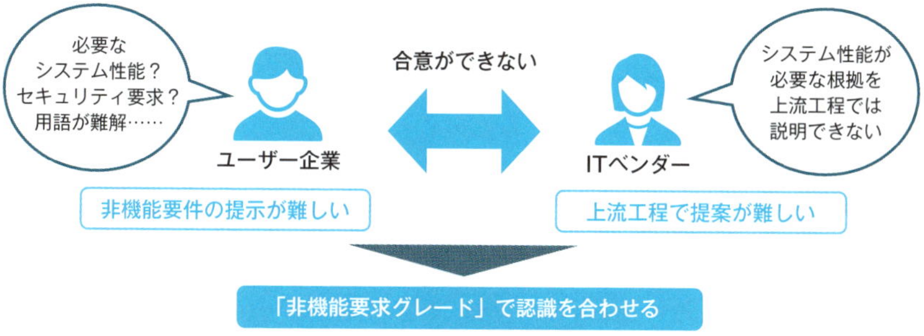

- 「非機能要求グレード」はユーザー／ベンダー双方で共通に利用可能なツールとして一般公開されている
- 実現レベルが列挙してあり、具体的なイメージがしやすい

Point

- 非機能要件は、可用性、性能・拡張性、運用・保守性、移行性、セキュリティ、システム環境／エコロジーなどの、ユーザーが想像するのには難しい項目
- 非機能要件の検討にはITの専門性が必要となるが、PMやPMOは忘れずにユーザーと検討するようにすること

6-6
ドキュメント

要件定義工程のドキュメント

要件定義書のドキュメント例

　要件定義は情報システムで必要とするものを要件として定義してまとめることですが、**機能要件や非機能要件などを定義したうえで、ITプロジェクトの目的と予算、スケジュールなども考慮して要件定義書としてまとめます。**

　上記のようにいわれたときに、「要件定義書は具体的にはどのようなもの？」と思う人もいるでしょう。図6-11で成果物としての要件定義書を構成する**ドキュメント**の例を示しておきます。

　図6-11をよく見ると、ビジネス要件の①から⑤、システム化要件の⑥から⑩がさらに細かく分けられていることがわかります。これらの各ドキュメントで要件定義書が構成されます。

　PMやPMOであってもすべてのドキュメントのタイトルを暗記しておくような必要はありませんが、だいたいこのようなものが必要であることを想定して意識して見ていくことが重要です。

頭にイメージを浮かべる

　図6-11の左側のビジネス要件のドキュメント類に関しては、これまでも本書で解説してきた項目が並んでいます。一方、右側はシステム色が強い項目です。しかし、これらも、画面、帳票（システムで印刷する書類）、データ、外部と、どのようにやりとりするかを示すインタフェースなどはハードウェアなどを除いて、可視化が必要、あるいは可視化ができる検討項目であることが見えてきます。

　特にPMOが通訳となる際には、ユーザーにどのようにして理解してもらえるように、あるいは共感してもらえるように、イメージを持って説明できるかが重要なシーンもあります。ときには、図6-12のように、**言葉だけでなくやさしいイラストを用いてユーザーにわかりやすく説明すること**もPMOには求められています。

174

図6-11　RDの成果物の例

No.	ビジネス要件ドキュメント
現状把握（①・②）	
1	組織図
2	職務（業務）分掌
3	ステークホルダー関連図
4	ステークホルダー一覧
5	業務の構造化
6	業界・業務用語一覧
7	業務全体図
8	業務データ一覧
9	業務フロー
10	業務一覧
11	システム化業務フロー
問題・ニーズ可視化（③）	
12	問題点の抽出
13	施策の検討結果（要求一覧）
業務のあるべき姿定義（④・⑤）	
14	実行計画書
15	As-Is・To-Be図
16	KPIの検討
17	目標施策体系図

No.	システム化要件ドキュメント
機能要件（⑥〜⑧）	
1	パッケージのFit & Gap分析
2	システム化業務一覧
3	システム化要求仕様
4	画面・帳票一覧
5	画面・帳票イメージ
6	画面遷移図
7	画面レイアウト
8	帳票レイアウト
9	概念データモデル
10	エンティティ一覧
11	CRUD図
12	管理対象分類図
13	バッチ処理一覧
14	外部インタフェース一覧
非機能要件（⑨）	
15	非機能要件書
16	ハードウェア構成図
17	ネットワーク構成図
運用・移行要件（⑩）	
18	運用要件書
19	全体移行計画書
20	総合テスト計画書

- 表中の丸つき番号は図6-7のプロセス
- RD工程では、左記の通り多くの成果物を作成する

※エンティティ：システムで扱う実体（商品、受注、仕入れ、売上など）のこと

図6-12　可視化ができる検討項目をイメージする例

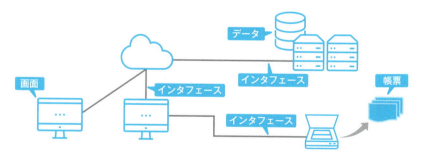

- 画面、帳票、データ、インタフェースなどは、ハードウェアやソフトウェアを除いて可視化が必要、あるいは可視化ができる検討項目であることがわかる
- システム構成を考える際にイラストを描いて確認する習慣をつける

Point

- 要件定義書は多数のドキュメント類が集まって構成されている
- システムの簡単なイラストを頭に浮かべて考えることができれば、どのようなドキュメント類が必要かわかりやすい

6-7 .... 外部仕様、基本設計書、ユーザビリティ、ユーザーエクスペリエンス

》 基本設計工程

UI工程の進め方

　要件定義に続くUI（ユーザーインタフェース設計）では、要件定義書をもとに、システム化対象機能をユーザーがコンピュータに作業を依頼する処理単位であるプロセスに分割し、ユーザーとの接点となる画面、帳票などの外部仕様を設計します。また、その外部仕様を実現するためのシステム方式、データベースの論理構造を設計します（図6-13）。

　UI工程が完了すると、設計内容を取りまとめた基本設計書が作成されます。ここで、開発フェーズ以降の詳細見積り、スケジュール、全体テスト計画が見えてきます。

UIにおけるマネジメントのポイント

　6-3でRDでは要件の増加に注意すべきとお話ししましたが、UIでは開発量の増加に注意する必要があります。

　特に画面の見た目、遷移、レスポンスなどのユーザビリティはユーザーの関心の度合いが高く、システムを利用する際の満足度ともいえるユーザーエクスペリエンス（User eXperience、UX）と大きく関係します。外部仕様の要件の取り込みに注力して、ユーザーの満足するインタフェース設計を行うのは大切なことですが、一方でその外部仕様を実現するための開発量をPMはコントロールしなければなりません（図6-14）。

　SaaSやパッケージなどの適用を前提に開発を進めていても、既存システムの操作性や使い勝手にまでこだわってしまうと、アドオン機能の作り込みやカスタマイズ開発が増えて、コストメリットや短納期の目的を損なうことにつながります。

　ここでも図6-6のように適用した評価軸からブレないように一貫性を持って対応することが重要です。

176

図6-13 **UIの主な作業項目と基本設計書の内容の例**

主な作業項目	基本設計書の内容≒成果物	成果物作成のポイント
システム化対象機能をプロセス分割する	プロセス一覧、プロセス関連図、プロセス機能仕様（概要）	詳細見積りができるまで、業務機能を段階的に可視化する
画面・帳票などのユーザーインタフェースを定義する	画面・帳票、バッチ／他システム間インタフェース一覧、レイアウト、項目定義	システム化の課題を見つけ出し、実現可能性のあるシステム仕様を作る
システム方式を設計する	アプリケーション方式、システム方式、システム運用・保守、移行・展開	
データベースの論理構造を定義する	論理テーブル一覧、論理テーブル関連図、論理テーブル項目定義	
プロセスの詳細機能を定義する	プロセス機能仕様、プロセス／テーブルマトリクス、共通機能一覧	
システム構成を定義する	システム構成図	
設計内容を業務運用から見て検証する	―	業務の流れからインタフェース・状態遷移の漏れを検証する
導入・テスト計画を立案する	システム環境導入計画、全体テスト計画	開発フェーズ以降のシステム環境とテスト計画の見通しを立てる
アプリ基盤機能を設計する	プログラム処理定義、アプリ構造設計書、共通機能一覧	SS工程に先行して共通的な処理定義、構造を設計する

図6-14 **ユーザビリティ設計とマネジメントのポイント**

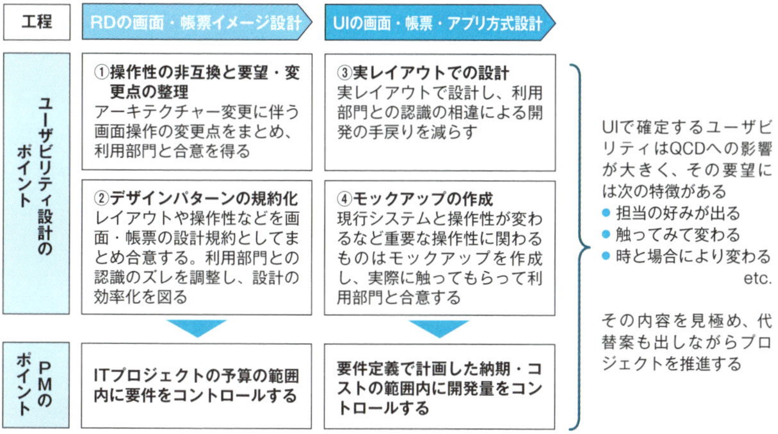

Point

- UIはユーザーがコンピュータに作業を依頼する処理単位であるプロセスに分割して接点となる画面、帳票などの外部仕様を設計する
- RDでは要件、UIでは開発量の増加に注意する必要がある

6-8 .... プログラム、実装配置、詳細設計書

》 詳細設計工程

詳細設計の対象

　基本設計に続くSS（System Structure・システム構造設計）の工程では、**基本設計書で定義したプロセスをプログラムに分割・詳細化して、システム共通で使用するプログラムである共通部品の設計、プログラム間のインタフェースの設計をします**。また、プログラムをサーバーなどのハードウェアにどのように配置するかを決める実装配置を行います。

　システム構造設計（SS）である詳細設計工程が完了して設計内容を取りまとめた詳細設計書が作成されると、詳細設計の実現可能性が確定し、開発に入る準備が整います。詳細設計書は、プログラム一覧や関連図、フロー図などの成果物から構成されます（図6-15）。

マネジメントスタイルの変化を意識する

　詳細設計工程までは、こんなプログラム群が必要で、それらをこのようなハードウェアに実装することを示すにとどまっています。いわゆる開発やプログラミングに向けての想定や準備は進めていますが、実際にはこの後からプロジェクトが始まります。さらに、PMやPMOとしては現実的かつ物理的な視点で、後工程で実現できるシステムになっているかどうか考える必要もあります。

　なお、多くのITプロジェクトでは、詳細設計から専門性が求められることから、プロジェクト推進の主体がユーザー企業からITベンダーなどに替わります。プロジェクトマネジメントの視点も開発者目線が強くなります。各工程の内容を理解して関係者に決めてもらう・承認してもらうという動きから、定められた品質基準で期日までにやり遂げるという、守ってもらう・やり遂げてもらうというもの作りの考え方に変わります（図6-16）。

　PMOとしても、システム企画や要件定義から一貫して関与するのであれば、マネジメントスタイルの変化に意識的に取り組む必要があります。

| 図6-15 | 詳細設計の主な作業項目と詳細設計書の概要 |

主な作業項目	詳細設計書の内容 ≒成果物
プロセスをプログラムに分割する	プログラム一覧
プログラムの実装配置を決め、定義する ※右図参照	・プログラム関連図 ・ジョブフロー図
プログラム処理を定義する	プログラム機能定義
共通処理を定義する	共通プログラム機能定義
プログラム間インタフェースを定義する	プログラムインタフェース定義
アプリ基盤機能を構築する	共通プログラム機能を先行開発する

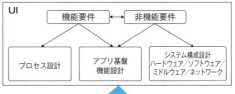

【UI設計内容とSSのプログラム実装配置】

| 図6-16 | 詳細設計以降のPMの役割 |

①決めてもらう、承認してもらう
各工程成果物の内容を理解し、工程の完了と次工程開始を承認してもらうことがPMの役割

VP/SP、RD、UIまでの合意を得る相手

SS、PS/PG/PT、ITでコントロールする相手

②守ってもらう、やり遂げてもらう
プロジェクトの目的、QCDの考え方、UIまでの成果物の内容を理解し、SS以降の各工程を定められた品質基準で期日までにやり遂げてもらうことがPMの役割

Point

- 詳細設計の工程では、基本設計書で定義したプロセスをプログラムに分割・詳細化して、プログラムやインタフェースの設計をする
- PMやPMOとして、詳細設計工程からマネジメントのスタイルが変化することには意識的に取り組みたい

6-9 プログラミング構造設計、プログラミング、プログラムテスト、単体テスト

開発の本丸

3つの詳細工程～PS・PG・PT～

　基本設計や詳細設計の後の開発というと、システム開発を経験していない場合、「プログラミング」を想像する人が多いかもしれません。もう少し具体的にいうと、ITプロジェクトでは、**プログラミング構造設計**（PS：Program Structure Design）、**プログラミング**（PG：Programming）、**プログラムテスト**（PT：Program Test、**単体テスト**とも呼ばれる）の詳細な工程に分かれます。開発の本丸にあたる製造の3工程の概要は次の通りです。

- **PSはプログラム構造を図式化して、プログラム詳細設計書とプログラムテスト仕様書を作成する**
- **PGはプログラム詳細設計書に沿ってプログラミングを行う**
- **PTはプログラムテスト仕様書に基づいて、テストの準備、実行、結果の集計をし、その結果を成績書に記載する**

　PT、PG、PTの状況は、各詳細工程における成果物の予定に対する進捗率と品質分析の結果で管理します。

開発品質の担保に向けて

　PS、PG、PTは、詳細設計工程までに設計した内容をやり遂げる工程です。そのため、進捗とともに品質の確保がポイントになります。図6-17の例のように、成果物を品質指標で評価しながら報告データにまとめるしくみを確立して進めていきます。**PMやPMOは、しくみをどのように作って運営していくかについても検討できるようにします。**
　概念上は図6-17のようになりますが、しくみは個別のITプロジェクトの特性に合わせて整備します。図6-18のように実現例から検討するのもわかりやすいです。基本は、まず概念図でやりたいことを整理してみることをお勧めします。

| 図6-17 | 進捗と品質状況を集計するしくみの例 |

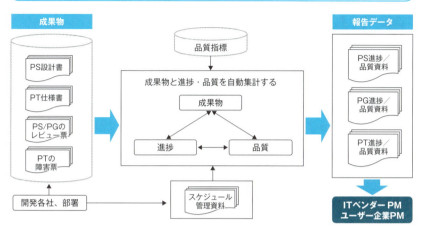

- PS/PG/PT期間中、PMがすべての成果物を確認することは理想ではあるが実態としては難しい
- 成果物を所定の場所に置くことで自動集計するしくみを構築し、プロジェクトで共有する方が現実的

| 図6-18 | 開発の実現例での検討 |

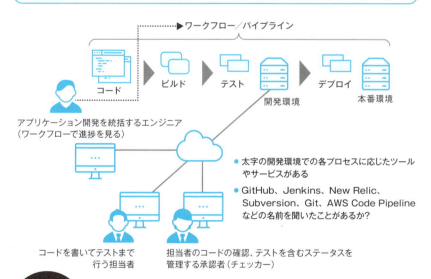

Point

- PS、PG、PTの状況は成果物の進捗率と品質分析の結果で管理する
- PMやPMOは開発品質を確保するしくみと運営を検討する

結合テスト、システムテスト

テスト工程

結合テストの概要

テスト工程は **5-7** のV字モデルの右側で設計・開発工程の内容を検証する工程です。結合テスト（IT：Integration Test）は**プログラム機能を結合して、詳細設計（SS）で設計したプロセス単位のテストを積み上げて実施して、品質を保証する工程**です。一般的にITは次の3ステップに分割されて、ステップごとの品質を確保しながら進めます（図6-19）。

- **IT1**：プロセス間の結合機能を確認するサブシステム内結合試験
- **IT2**：サブシステム間の結合機能を確認するサブシステム間結合試験
- **IT3**：システム間の結合機能を確認するシステム間結合試験

ITで各層のインタフェースの確認を完了して、後続のシステムテスト（ST）に進みます。

システムテストの概要

STはUIで設計したユーザーから見た外部仕様とシステムを実行するためのしくみを確認するとともに、システムがサービス可能なレベルに到達しているかを検証する工程です。STからは本番環境もしくは同等の環境を準備して、次の4つのステップを踏んで品質を確保します（図6-20）。

- **ST0：疎通確認**……ST環境を構築して当該環境上での疎通確認
- **ST1：システム機能試験**……1日など一定期間の業務の流れを確認
- **ST2：運用機能試験**……業務サイクルテスト、実時間の業務確認
- **ST3：最終受入試験**……ユーザーによるシステムの受入確認

STを完了するところでテスト主体もユーザー側に替わることから、ハードルが高い工程でもあります。

図6-19 IT1からIT3までのテストのイメージ

- IT1はプロセス間のインタフェース、データ連携を確認
- IT2はサブシステム間のインタフェース、データ連携を確認

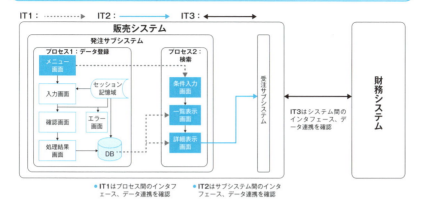

図6-20 ST0からST3までのテストのイメージ

STのステップ	業務試験内容（業務機能）	性能・信頼性試験（非機能）
ST0 疎通確認	• 業務の起動から停止の確認、外部システムとの疎通確認 • ST開始前に環境不具合を取り除く	• OS/ミドルウェアレベルでの動作検証 • ST開始前に環境の不具合を取り除く
ST1 システム機能試験 ※右図参照	• 1日の業務の流れを確認 • 本番環境、本番DB、データで確認 • プログラム資産管理を行う	• 業務ピーク時の動作確認 • 性能評価、チューニング • 障害時の業務継続性確認 • 信頼性評価、チューニング • 運用・保守担当部署、担当者に参画を調整する
ST2 運用機能試験	• 業務サイクルテスト※ • 実時間の業務確認 • 業務継続性の確認を行う	
ST3 最終受入試験	• ユーザー企業によるシステム受入確認を行う • 本番稼働を想定したシステム運用ができる状態にある	

【ST1：システム機能試験イメージ】

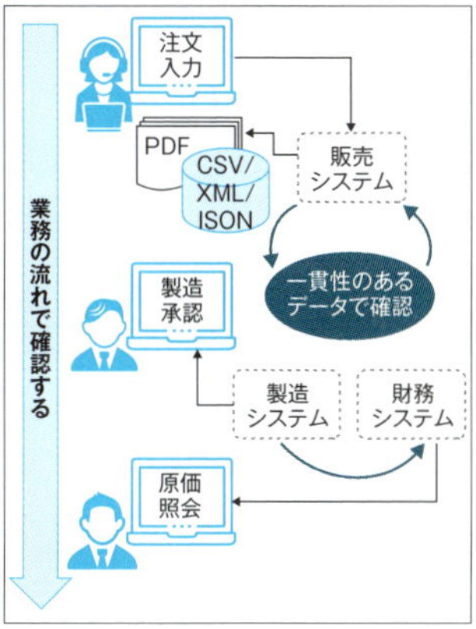

※業務サイクルテストは、何日間か業務を回す日回しテスト、月末、月初、期末、期初などの業務を運用するサイクルを確認するテストがある

- 性能・信頼性試験は、業務試験との競合が発生しやすい。テスト状況を把握してコントロールする
- 計画段階で性能・信頼性試験のチューニング後の試験日程を検討する
- ユーザーによるシステム受入確認はUAT（User Acceptance Test）の略称で呼ばれることもある

Point

- 結合テストはプログラム機能を結合して、詳細設計で設計したプロセス単位のテストを積み上げて実施して、品質を保証する工程
- システムテストは、基本設計におけるユーザーから見たシステムの外部仕様とシステムを実行するためのしくみを確認するとともに、システムがサービス可能なレベルに到達しているかを検証する工程

6-11 .... 運用テスト、移行計画書、稼働判定会議

》 運用テストから稼働へ

運用テストでのポイント

運用テスト（OT：Operational Test）は、**ユーザーが業務を遂行できるかを検証するための工程**です。また、V字モデルからいえば、要件定義書に記載した要求事項が実装されているかを、要求元に確認してもらう工程でもあります。

運用テストはSTのテスト計画をもとに、定常業務で行われる項目も含めて業務サイクルの確認を行います（図6-21）。

運用テストでは、PMやPMOは現場のユーザーをいかに巻き込み、新システムを使ってもらう状態にするか、さらに普及できるかを念頭に置きます。そのため、ユーザー向け説明会や教育なども行って対応を図る必要があります。

新システムへの移行でのポイント

新システムの導入や移行を実施する際には、移行を例とすると、**移行計画書**をもとに**移行リハーサルを実施します**。その結果を踏まえて、移行や稼働の判定会議を実施したうえで移行します（図6-22）。

稼働判定会議で確認する主な項目は次の通りです。

- **OTの結果**：リハーサルやOTの結果が想定と一致しているか確認する
- **アプリ資産凍結状況**：仕様追加や変更がないことを確認する
- **ユーザー教育状況**：ユーザーが業務開始可能かどうかを確認する
- **残課題と残障害**：残課題の影響範囲と対応方法を確認する

特にアプリ資産凍結やユーザー教育状況にトレース漏れがあることから注意が必要です。ここでもPMOの第三者視点での確認が求められます。

図6-21　OTスケジュールと各イベントの例

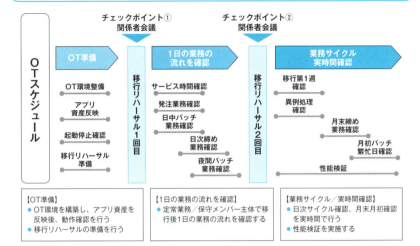

図6-22　稼働判定会議と移行スケジュールの例

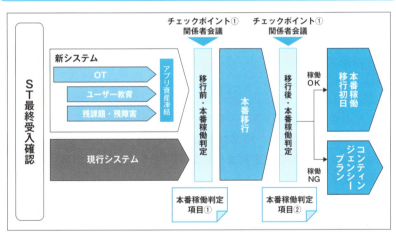

- 稼働NGに備えて緊急対応策であるコンティンジェンシープランを策定する
- 新システムへの切り替えを中止して元の状態に戻す「切り戻し」などの施策もある

Point

- 運用テストはユーザーが業務を遂行できるかを検証するための工程
- 新システムに移行を実施する際には移行計画書をもとに移行リハーサルを実施するが、その結果を踏まえて稼働判定会議を実施したうえで移行する

6-12 .... 運用管理、システム保守

》稼働後の管理

システム稼働時の引継ぎ

システムが稼働して運用に入るとITプロジェクトは収束に向かい、定常業務を行う部隊が運用を担います。 稼働当初は、運用管理を担当する部隊は、次の作業を準備します。

- ●ユーザーからのシステムに関する問合せ
- ●業務やシステム操作マニュアルの整備ならびに更新
- ●障害発生時の一次調査の対応
- ●障害対応の依頼先の確認

本番稼働後に運用を担当する部隊はシステムテストの段階から参画して、ITベンダーなどから引継ぎをして備えます（図6-23上）。

稼働後の2つの管理

システムの運用管理は運用担当者によって行われて、定型的な運用監視、性能管理、変更対応、障害対応などがなされます。

大規模なシステムや障害発生時の影響度合いが大きいシステムなどでは、運用管理に加えて、 システムエンジニアによるシステム保守が続くこともあります。システム保守は、性能管理、レベルアップ・機能追加、バグ対応、障害対応などで、安定稼働や機能追加の完了などまで続きます（図6-23下）。

なお、ITプロジェクトはシステムが稼働したら終わりではなく、基本に立ち返り、当初のシステム企画時点で想定した導入の目的や効果を得られているかの点検や検証を行います（図6-24）。

この段階に至ると、システム稼働も含めてITプロジェクトは完了となります。

186

| 図6-23 | 開発から運用部隊への引継ぎと稼働後の管理 |

開発から運用への引継ぎ

稼働後の管理

	2つの管理	内　容	備　考
稼働後の管理	①運用管理 （システム運用担当者）	●運用監視・性能管理 ●変更対応・障害対応	定型的、マニュアル化できている運用など
	②システム保守 （システムエンジニア）	●性能管理・レベルアップ、機能追加 ●バグ対応・障害対応	主に非定型、マニュアル化ができていない運用など

- 大規模システムや障害発生時の影響度合いが大きいシステムでの管理の例
- 小規模システムや部門内に閉じたシステムであれば運用管理のみとなることが多い
- ①と②の両方を含んで運用管理という場合もある

| 図6-24 | 稼働後の導入効果点検 |

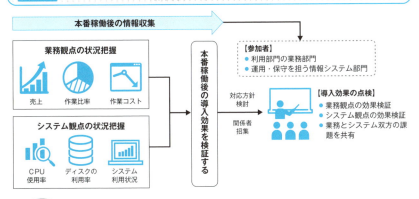

Point

- システムが稼働して運用に入るとITプロジェクトは収束に向かい、定常業務を行う部隊が運用を担う
- 大規模なシステムや障害発生時の影響度合いが大きいシステムなどでは、稼働後にシステム保守と運用管理の部隊が併存することもある

6-13 ポストモーテム、事後検証、インシデント、DevOps

≫ ポストモーテムへの取り組み

システム障害の再発防止

ポストモーテム（Postmortem）は事後検証ともいわれますが、システムによるサービス提供後のシステム障害や障害につながるインシデントが発生した際に、**原因を分析して再発を防止するための施策を実施すること**です。

企業や団体によっては、インシデントは、大規模なシステム障害やセキュリティ事故などの重大な事案につながりかねない事態のみを指すこともあります。PMOとして言葉の定義も漏れなく確認してください。

システム障害に関しては、以前から障害発生時に起票する障害票とそれらを総括できる一覧表を作成し、単純に対応完了とすることはなく、対応結果を加えて、原因を分析し、対応策がとられてきました（図6-25）。

クラウドやWebではDevOps

インシデント管理が加わってきた背景の1つにはツールの普及があります。インシデント管理ツールでは、インシデントをチケットという形で手軽に起票し、関係者間で共有して対応策を講じる取り組みが進んでいます。

また、ツールの普及とは別に、システム開発がクラウド中心になると、DevOps（デブオプス）のように、開発と運用を分けずに進める手法例が増えてきたことも関係しています。**DevOpsはシステム開発担当者**（Development）**とシステム運用担当者**（Operation）**が連携して作業を進めることで、開発スピードを速める取り組み**です（図6-26）。運用に問題があれば相互に連携して開発側でも早期に対応を図ります。

本書では伝統的かつ基本であるウォーターフォールを前提に解説を進めてきましたが、**クラウドやWebのシステムではDevOpsの取り組みが普及しつつあります。**

図6-25　障害発生とインシデントの管理

従来はシステム障害中心

障害票や障害一覧表を作成して対応結果から原因を分析して対応策へこのプロセスはポストモーテムでも同様

ポストモーテムはシステム障害＋インシデント、ツールでの情報共有も進んでいる

原因を分析（ツール利用）　　対応策の実施

図6-26　DevOpsの概要

クラウドで運用の工数が小さくなると次のリリースが早くなる

- Aシステムの開発後にAの運用状況を見てA'をリリースというように、動いているシステムは追加・変更をしながら拡張されていく
- 運用の工数や期間を小さく、あるいは短くできればその後の開発もスムーズになり開発と運用の協調も進む
- 現実的なDevOpsであるが、開発と運用の高度な連携で実現できる

> **Point**
>
> - ポストモーテムはシステム障害や障害につながるインシデントが発生した際に、原因を分析して再発を防止するための施策を実施すること
> - DevOpsはシステム開発担当者とシステム運用担当者が連携して作業を進めることで開発スピードを速める取り組みで、クラウドやWebのシステムでは普及しつつある

品質管理の重要性

品質管理の基本

　PMOはシステム開発の工程の中で各種ドキュメントの作成やレビュー運営の支援などに携わることがあります。また、本章の各節の中で品質管理という言葉がたびたび出ていますが、品質管理に携わることもあります。

　品質管理はITプロジェクトにおいて、単純にもの作りをするのではなく、定められた品質を担保したシステムを提供するために欠かせない活動です。

　基本的には以下のPDCAサイクルで進めます（図6-27）。

- ●**品質計画策定**（**Plan**）：目標を設定して管理方法を計画として定める
- ●**データ収集**（**Do**）：実績としてのデータを収集する
- ●**分析と評価**（**Check**）：計画した分析手法で収集したデータを評価する
- ●**対応策実施**（**Act**）：対応策を実施する

　うまくいかない原因は、多くの場合Planができておらず、その後のDo以降が適切に機能しないケースです。

第三者としてのPMOによる品質管理

　ITプロジェクトではPMOが品質管理に携わることもあります。理由としては、PMOは開発の当事者ではないことから、第三者視点あるいは**チームや組織から独立した立場**で、作るべきシステムやプロジェクトの状況を見ることができると考えられているからです（図6-28）。

　大規模なシステムなどであれば、PMOが品質計画策定に関与する、データの収集や分析に携わることもあると考えている企業もあります。それは第三者としての冷静さや公平さに期待する、ごく自然な発想です。品質管理はITプロジェクトにおけるPMOスキルのアピールのポイントでもあるので、**機会があれば学習しておくことをお勧めします。**

図6-27 品質のPDCAサイクル

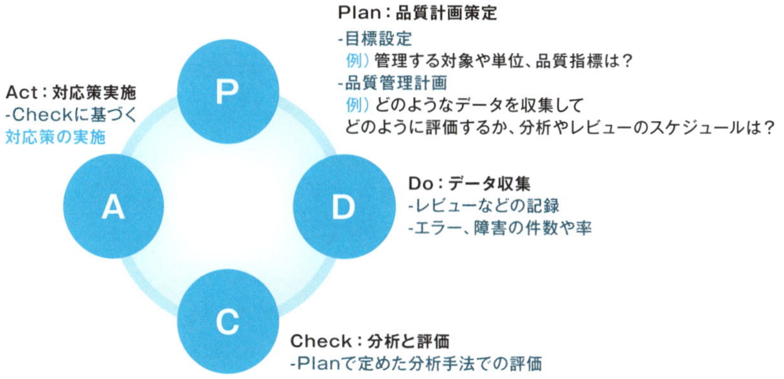

P
D
C
A
Plan：品質計画策定
-目標設定
例）管理する対象や単位、品質指標は？
-品質管理計画
例）どのようなデータを収集して
どのように評価するか、分析やレビューのスケジュールは？
Do：データ収集
-レビューなどの記録
-エラー、障害の件数や率
Check：分析と評価
-Planで定めた分析手法での評価
Act：対応策実施
-Checkに基づく
対応策の実施

図6-28 品質管理における第三者としてのPMOの存在

PM
PMO
（第三者的な存在）
リーダー
リーダー
リーダー
サブ
プロジェクト
A
サブ
プロジェクト
B
サブ
プロジェクト
C
品質会議
PM
リーダーたち
PMO

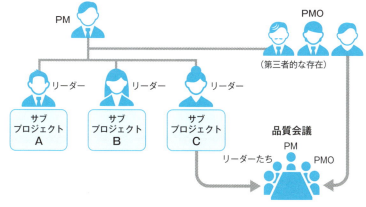

- システム開発の当事者のPMやサブプロジェクトのリーダーやメンバーはどうしても自分たちがやっていることが正しいと考えてしまう傾向がある
- 特に品質の会議などでは自分たちの正当性を主張してしまうことが多い
- PMOは冷静に第三者視点で語れるので品質管理に向いている。その場合には専門的なスキルを要する

Point

- ITプロジェクトの品質管理は、品質計画策定（Plan）、データ収集（Do）、分析と評価（Check）、対応策実施（Act）のPDCAサイクルで回していく
- PMOが第三者視点のチームや組織として品質管理に携わることがあるので、機会があれば学習しておくことをお勧めする

やってみよう

要件定義のドキュメントでの整理

第6章ではITプロジェクトの工程とその中でのPMOの活動について解説してきました。中でも要件定義は最も重要な工程ですが、ITプロジェクトだけでなくDXや業務改革・改善などとも関連が深いです。

第6章の「やってみよう」では、要件定義工程で作成するドキュメントの中で、自身が作成したことがある、近いものを作成したことがある、などの観点で整理してみます。作成経験あり、近い経験あり、に「○」または「－」を記載してみてください。

No.	ビジネス要件ドキュメント	作成経験あり	近い経験あり
現状把握（①・②）			
1	組織図		
2	職務（業務）分掌		
3	ステークホルダー関連図		
4	ステークホルダー一覧		
5	業務の構造化		
6	業界・業務用語一覧		
7	業務全体図		
8	業務データ一覧		
9	業務フロー		
10	業務一覧		
11	システム化業務フロー		
問題・ニーズ可視化（③）			
12	問題点の抽出		
13	施策の検討結果（要求一覧）		
業務のあるべき姿定義（④・⑤）			
14	実行計画書		
15	As-Is・To-Be図		
16	KPIの検討		
17	目標施策体系図		

No.	システム化要件ドキュメント	作成経験あり	近い経験あり
機能要件（⑥～⑧）			
1	パッケージのFit & Gap分析		
2	システム化業務一覧		
3	システム化要求仕様		
4	画面・帳票一覧		
5	画面・帳票イメージ		
6	画面遷移図		
7	画面レイアウト		
8	帳票レイアウト		
9	概念データモデル		
10	エンティティー一覧		
11	CRUD図		
12	管理対象分類図		
13	バッチ処理一覧		
14	外部インタフェース一覧		
非機能要件（⑨）			
15	非機能要件書		
16	ハードウェア構成図		
17	ネットワーク構成図		
運用・移行要件（⑩）			
18	運用要件書		
19	全体移行計画書		
20	総合テスト計画書		

整理後の振り返り

表の左側の現状把握、問題・ニーズ可視化、業務のあるべき姿定義などは、ITプロジェクトだけでなく、DXプロジェクトでも作成することがあります。ここで改めて、どこまで経験済みかを整理しておくことは後の活動につながります。

なお、ITプロジェクトに関心がある人は、表の右側のドキュメントについても理解を深めるようにしてください。

第7章

PMOになるために
～心得・スキル・変化に対応できること～

7-1 ················ 足りない役割や機能を埋める姿勢、新しいことに取り組む

» PMOの心得

重要な2つの取り組み姿勢

PMOの未経験者はどのようにしてPMOのプロフェッショナルを目指せばいいのでしょうか。業務スキルとしては、**1-5**や**1-10**で解説したようなPMOの機能の1つ1つに対応できるようになることです。それらは本書などを参考にして、実際のプログラムやプロジェクトで試していけばよいでしょう。そうした技術的な話とは別に、PMOを目指す方たちには次のような心得ておいてほしいことがあります（図7-1）。

- **一定の型はあるが、それらにとらわれず取り組む姿勢や、プロジェクトを成功させるために**足りない役割や機能を埋める姿勢

  社内のPMOであっても、外部のPMOとして参画する場合でも、さまざまな仕事に取り組む姿勢が重要です。外部のPMOの場合には契約の範囲内の仕事かどうかという観点もあります。
- 新しいことに取り組む、**あるいは向上心を持つこと**

  プログラムやプロジェクトは基本的に難しいテーマに取り組むものであるから、新しい困難に積極的に取り組む姿勢が重要です。

上記の2つの姿勢を持って取り組んでいければPMOとしてのスキルは上がっていくはずです。

コミュニケーション力も磨く

2つの取り組み姿勢に加えて、大切にしてほしいのは**さまざまな人とコミュニケーションを取れるスキル**です。ステークホルダーや体制の中には難しい人や苦手なタイプの人も必ず存在します。多数の人を相手にすると誰もがストレスを感じますが、うまくやっていくスキルは気をつけていれば必ず身につきます。**コミュニケーションが苦手な人は、話し方と聞き方や傾聴の方法を確立することから始めるとよいでしょう**（図7-2）。

194

| 図7-1 | 2つの取り組み姿勢の例 |

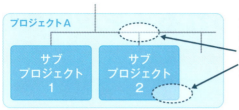

プロジェクトを成功させるために
足りない役割や機能を埋める姿勢

マネジメントで足りていない機能や役割、
プロジェクトの実作業で手薄なところ
など

新しいことに取り組む、あるいは
向上心を持つこと

プロジェクトの延長線上や、やや外側に
目を向けることでプロジェクトを成功に
導けることがある

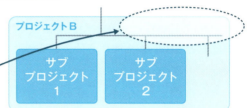

| 図7-2 | コミュニケーション力をつけるために |

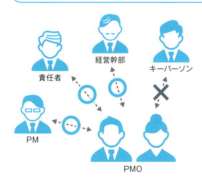

すべてのステークホルダーと
良好なコミュニケーションを取るのは
誰もが難しい！

話の進め方や、話し方・聞き方が確立できると
コミュニケーション力は上がっていく！

進め方の例
❶内容の説明 ⇒ ❷意見を聞く ⇒ ❸意見を確認する
この❸が大事！

話し方の例
- ですますと謙譲表現
- 「〜していただいても よろしいでしょうか」「〜となっております」などのように、少し丁寧な話し方をする

話し方の例
- 意見を聞いたら「ありがとうございます」を最初に言ってから次につなげるなど

Point

- PMOの心得として、プロジェクトを成功させるために足りない役割を埋める姿勢と新しいことに取り組む姿勢は重要
- コミュニケーション力を磨くようにし、やりとりが苦手な人は話し方を確立することから始めよう

7-2 .... コミュニケーションスキル、リーダーシップ、専門性、事務処理能力

» PMOに求められるスキルの整理

求められる重要なスキル

第6章までで、DXやITのプログラムとプロジェクトと、それらに合わせたPMOの具体的な業務について解説してきました。本節では前節の心得を前提として、総括的に必須と想定されるスキルをまとめています（図7-3）。

最も重要なのは**コミュニケーションスキル**です。経営幹部から現場の担当者、さらにベンダーに至るまで、プログラムやプロジェクトを構成するさまざまな人材とともに仕事を進めていくからです。

続いて、プログラムやプロジェクトをリードする、関係者に動機づけを行う**リーダーシップ**です。PMではないので強く表に出す必要はありませんが、担当するプログラムやプロジェクトを自身がリードする意識で取り組みます。言い換えれば、PMとしての視点でPMOに従事するともいえます。

加えて、何らかの領域での専門性や経験に基づく専門的なスキルも必要です。実務やシステム開発などで身につけた**専門性**をPMOとなっても維持することは強みとなります。また、PMO業務の過程で携わる整理・分析能力、施策の立案や原因究明、ワークショップをファシリテートするスキルなども専門性や強みとして意識してスキルの幅を増やしていきましょう。

ニーズに対応するスキル

ここで、「PMOとしての管理業務は？」「付随する**事務処理能力**は？」と考える人もいるかもしれません。これ自体は必須のスキルではあるものの、DXやプログラムも含む現在のPMOへのニーズからすると、以前よりは注目度が落ちているように思われます。どちらかというとPMOを名乗る以上は保有していて当然のスキルともいえます。

活動の際に求められるニーズに、どのようなスキルで対応するかを整理することをお勧めします（図7-4）。**PMOに求められるニーズは、時代とともに変化する**ものの、個人の強みや個性を活かしていくことは重要です。

図7-3　3つの重要なスキル

❶ コミュニケーションスキル

経営幹部から現場の担当者まで、さまざまな部門やプロジェクトを構成する人材とともに仕事を進めていくため

❷ リーダーシップ

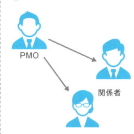

- プログラムやプロジェクトをリードする、関係者に動機づけも行う
- リーダー、モチベーター、ドライバーなど近年ではさまざまな言い方がある

❸ 専門性

施策の立案や原因究明、ワークショップをファシリテートするスキルなども強みとしてアピールできる

図7-4　ニーズに対応するスキルを整理する

計画策定や準備を実行・サポートするスキル
- ゴール、スコープ設定
- 計画策定
- 投資・予算承認
- 体制構築

進行中に管理するスキル
- 進捗管理
- 課題管理
- リスク管理
- ステークホルダー管理
- コミュニケーション管理

スキルで考えるときは以下の❶〜❸の順で進めるとわかりやすい

❶ PMOの基本としてのそれぞれの機能やスキルは求められているか？
（スキルに置き換えてみると一人称での確認がしやすい）

❷ 専門的なスキルは求められているか？

例）システム開発の経験
※できるだけ具体的にイメージする

❸ その他に求められているスキルは？
※できるだけ具体的に洗い出す

Point

- 現在のPMOに求められる重要なスキルとして、コミュニケーションスキル、リーダーシップ、専門性が挙げられる
- PMOに求められるスキルは時代とともに変わっていくため、ニーズを考える中で整理する

| 7-3 | ······· トップダウン、ボトムアップ、意思決定プロセス |

経営と現場の両面から

DXはトップダウンの活動

3-6で経営方針や戦略から、プログラムやプロジェクトを見ていくアプローチを紹介しました。これはトップダウンの視点ですが、DXのプログラムやプロジェクトは、経営者によるトップダウンで進められることが多いです。トップダウンは組織の上部から下部に向かって指示をする経営管理の方式です。DXが大きな変革であるため、経営幹部が中心となってリードしていきます。

一方、トップダウンに対して、現場での意見や取り組みを中心として意思決定に反映させていくボトムアップの方式もあります。

DXの多数派はトップダウンで、企業文化によってはトップダウンとボトムアップを組み合わせて取り組むこともあるのが実態です（図7-5）。

ボトムアップでの留意点

PMOとしては、担当しているプログラムやプロジェクトがトップダウン、ボトムアップのどちらが中心の活動か把握する必要があります。トップダウンであれば経営幹部などの指示を発する側への報告やアプローチも必要となります。特にプログラムやプロジェクトの途中から参画する場合はわかりにくいことから注意が必要です。

難しいのはボトムアップでの活動です。ボトムアップの特徴としては進捗や意思決定プロセスが見えにくいこと、現場のメンバーが納得しないと進まないことが挙げられます（図7-6）。

「なかなか進まない・決まらない、どうしてか？」と感じたら、早期に意思決定プロセスを確認していくことが重要です。

また、各現場や部門などの組織によって、意思決定プロセスは異なることもあるので、一様ではないと想定して臨みます。

図7-5　**トップダウンとボトムアップの違い**

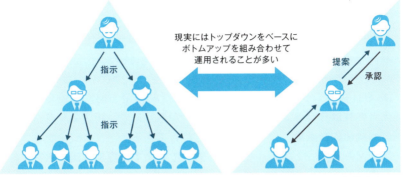

図7-6　**ボトムアップの意思決定プロセスの例**

Point

- DXの多数派はトップダウンで、企業文化によってはトップダウンとボトムアップを組み合わせて取り組むこともある
- 「なかなか進まない・決まらない、どうしてか？」と感じたら、早期に意思決定プロセスを確認する

7-4 .... なぜなぜ分析、マインドマップ

» 原因を追究する

課題や原因を整理する

　DXやITのプロジェクトでは、具体的な活動に至る前に課題を整理して関係者の共感を得ることが必要なケースがあります。特定の課題や原因が施策や具体的な活動につながることを共有できると、プロジェクトはスムーズに進みます。そのような場面に備えて本節では**課題整理**の手法を解説します。

　施策の立案に向けては関係者のインタビューなどを実施してその結果を取りまとめて承認を得られればよいのですが、ビジュアルに課題や原因を整理する必要があるときもあります。そのときに、なぜなぜ分析やマインドマップの作成などで可視化して進めることもあります。

　なぜなぜ分析は、大手の自動車製造業をはじめとして、多くの企業で使われている原因分析の手法で、PMOとして覚えておきたい手法の1つです。

なぜなぜ分析とマインドマップ

　なぜなぜ分析は、図7-7のようにある事実に対して、「なぜ⇒なぜ」と細かく原因を分析していきます。5階層まで落とし込めると真因に至るともいわれています。例のように5階層目までいくと1階層目や2階層目とは異なる視点になります。この例の分析結果としては、事故の真因の1つはフォークリフトの運転手ではなく管理に原因がある結果となっています。なぜなぜ分析は真因をあぶりだすのに役立ちますが、多角的に見ていくことが必要です。

　図7-8のマインドマップの例では、キーパーソンの考えていることを可視化しています。マインドマップはどのような思考法や範囲で考えているかを可視化して共有するのに役立ちます。

　本節では、なぜなぜ分析とマインドマップを例として紹介しましたが、同様の課題整理の手法には、MECE（ミッシー）やKJ法などがあります。**PMOとしてはぜひ使いこなせるようにしておきたいものです。**

200

図7-7	なぜなぜ分析の例

事実	なぜなぜ1	なぜなぜ2	なぜなぜ3	なぜなぜ4	なぜなぜ5
倉庫内でフォークリフトが通路の端に積んであった荷物を破損する事故が発生した	フォークリフトの運転手は前方だけを見ていて通路の左側に積んであった荷物に気づいていなかった	運転手は前方を見ていれば事故は起きないと考えていて、指さし確認もしていなかった	安全管理者による運転手への1年以内の安全運行教育はなかった	安全管理者が運転手への安全運行教育を怠っていた	安全管理者が安全管理規則の第12条（教育）についての意識が低かった
		その日に入ったアルバイトの構内作業員が、通路の左側（仮置き禁止区域）に荷物を置いた	アルバイトの管理者の構内管理者が、仮置き禁止区域を伝えていなかった	構内管理者は、アルバイトへの商品到着から入庫までの一連のプロセスを説明していなかった	アルバイト指導要領がなくなっていて、構内管理者によるそれを活用した説明がなされていなかった

- 上記は左から右に展開する例だが上から下でもよい
- なぜなぜを深く進めていくと最初の段階の原因とは異なることが多い

図7-8	マインドマップの例

業務自動化や実績ある鈴木部長は複数のルートが交わっているので、
施策Aを考えるにあたってポイントとなる可能性が高い

Point

- 課題を整理する技法は施策の立案や課題整理に活かせる
- PMOとしては課題整理の手法を使いこなせるようにしたい

7-5 目標施策体系図

施策を立案できるようにするには?

施策を立案できるようになるために

プログラムやプロジェクトを推進していく中で不可欠となるのは課題に対する施策の立案です。PMやPMOには課題やテーマに対する施策を立案する能力が求められます。もちろん、常にクリエイティブに新たな施策を生み出すことを求められるわけではなく、関係者の意見をまとめあげて施策を形成することの方が多いです。

施策の立案に際しては、2-10でも紹介した目標施策体系図が役立ちます。目標施策体系図は、上位目標や課題に対して具体的な活動としてのKGIやKPIを定めて、そのうえで施策を立案します。

図7-9では食品スーパーの目標施策体系図を例にしていますが、食の安全やおいしく楽しい食の提供という上位目標に対して、課題となっている本部系業務の最適化、KGIとしての商品を考える商品部業務の最適化、その課題としての商品開発や発注などのようにブレークダウンして整理していきます。作成に際しては多角的な視点とデジタルな目標を持つことがポイントです。

準備も重要

目標施策体系図は課題と施策を整理する技法の1つですが、このような整理手法を事前に知っていてトレーニングを積んでいる人と、知らない人とでは大きな差が生じます。後者の人材は、施策を整理してまとめあげるシーンなどで止まってしまうことがよくあります。図7-10は一例ですが、**進め方や技法を知っておくだけでなく、練習でもよいので実際に使ってみる、さらに検討の場をファシリテートできるようにしておくこと**が必要です。

なお、ワークショップなどで施策を決められないときには、テンプレートを利用して検討することもあります。納得感があるのは関係者が集まって討議して決める進め方です。

図7-9　目標施策体系図の例

活動目的	上位目標	食の安全、おいしく楽しい食の提供	
	戦略課題	本部系業務の最適化	店舗業務の最適化

活動	取組目標（KGI）	商品部業務の最適化		
	課題	商品開発（品ぞろえ）	発注	……
	CSF	最適な商品の改廃	最適な発注業務	……
	KPI	死に筋商品選定 年間5,000商品	改廃率 10%以下	……
	施策	【作業時間の創出】 ・商品登録の改善 ・店舗問合せの改善	【プロセスの見直し】 ・特売業務の効率化 ・ICTの有効活用	……

※上位目標や戦略課題から活動を整理していく

図7-10　ワークショップと机上での施策検討の例

ワークショップで施策を決める場合

❶ 知ること — まずは技法やテンプレートを知っているか
❷ 練習 — 仲間内でよいのでそれらを使って練習しておく
❸ ファシリテートする — 本番の打ち合わせで技法やテンプレートを使ってファシリテーションをして施策をまとめあげる

机上検討で施策を決める場合

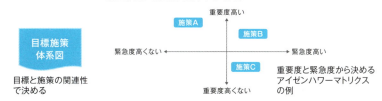

目標施策体系図 — 目標と施策の関連性で決める

重要度と緊急度から決めるアイゼンハワーマトリクスの例

Point

- 施策を整理する技法として目標施策体系図がある
- 課題や施策に関する技法を知り、練習をして身につけて使えるようにしたい

7-6

ゴールへのプロセス

》 ゴールにたどり着くために

進め方が見えない中で

DXのプログラムやプロジェクトではゴールがイメージできていたとしても、**そこに至るまでの道筋はどのようなものになるか、あるいはどのような工程で進めていくかは一様ではありません**。むしろ、そのときどきのプログラムやプロジェクトで独自に考案すると申し上げた方が適切です。

もちろん、ゴールに向けての打ち手である施策が決まらないと進めようがないという考え方もありますが、**プログラムやプロジェクトをプロとしてマネジメントするPMOやPMはどのようなケースでも対応ができるように心の準備はしておくべき**です。

施策が見える前と後での違い

DXのゴールやありたい姿がイメージできていても施策が決まっていない初期の段階では、大きな視点から ゴールへのプロセス を想定します。

例えば、ITプロジェクトで、要件定義、設計、開発と工程を考えるように、As-Isの可視化、施策／To-Be作成、準備、試行などのように大きな考え方で整理します。もちろんこの限りではなく、ITプロジェクトの工程や本書でここまでに解説してきた例などを参考に組み立ててください（図7-11）。

続いて、**施策の立案後は、準備、試行と想定していた工程を一層具体化します**。この例ではIT部門でのプロセスの確認、変更点の可視化などのように細かくなります（図7-12）。

定めたプロセスで関連する人や組織が何をするかが明確になるようにします。経験から申し上げると、これらのゴールへのプロセスには、一言で示されるような正解はありませんが、状況に応じた最適解は必ずあります。

定期的な確認で一定の進捗がある、期待に沿った活動となっている、さらにゴールに近づいているのであれば自信を持ってその先も進めてください。

204

図7-11　ゴールはイメージできているが具体的な施策がない時期の例

DXのゴールやありたい姿がイメージできていても施策が決まっていない初期の段階では、大きな視点からゴールへのプロセスを想定する（過去に同じタイプのプロジェクトの経験がある場合を除く）

【DXプロジェクトの工程の例】

DXプロジェクトの工程は、わからないながらもITプロジェクトのような一定の型がある工程やその他の情報をもとに仮で作る

【ITプロジェクトの工程】

図7-12　具体的な施策の立案後の例

施策が立案できた際には、例えば、準備、試行と想定していた工程を一層具体化する

【DXプロジェクトの工程の例】

- この例では後半の工程が具体化した形で変更となっているが、工程が増えたり大幅に変更されたりすることもある
- うまく進まないときは、前の工程に問題があることがある（工程内での活動が不十分、工程の想定が不適切など）

これらの工程は当初から変更となる

Point

- DXプログラムやプロジェクトの進め方は一様ではないが、柔軟に対応できる心構えが必要
- 施策が決まる前は大きな視点で、施策立案後は具体化した形でゴールへのプロセスを明らかにする

7-7 ·················· 社内PMO、事業部門、IT部門、情報システム部門

》 社内PMOの事例

社内PMOの活動例

　本節では大手企業における**社内PMO**の事例について紹介します。

　よくあるのは、**事業部門**などが推進している新システムの導入やシステム更改のプロジェクトの開始にあたって、専門的なスキルを有する**IT部門**（**情報システム部門**）にPMOを依頼する事例です。

　図7-13では、事業部門がシステムを更改するにあたって、ITプロジェクトの推進に関する慣れ・不慣れの課題や、プロジェクト推進に関する不安を取り除くために、IT部門にPMOメンバーの提供を依頼しています。

　PMには事業部門内部のポジションが高い人が立ちますが、PMOはIT部門の人材または事業部門の人材との混成チームで構成されます。

　このようなケースでは、PMOには次のような活動が求められます。

❶プロジェクト計画書の作成
❷PMの補助
❸進捗や課題管理などのPMOの基本的な業務
❹プロジェクト推進上の見落とされている、または不可欠なタスクの実行

　事業部門がプロジェクトの進め方や運営に不慣れな場合には始動に際して❶の計画書の作成も求められます。

社内PMOで重要なポイント

　上記のような進め方や支援は重要ではありますが、**社内PMOに最も期待されるのはコミュニケーション能力**です。社内であるのに、聞けない・言えないに始まり、意外にも関係者間で円滑にコミュニケーションが取れていないなどの、課題というよりも前提条件の解決を求められることが多いです（図7-14）。

206

図7-13 社内PMOでよくある事例～事業部門のシステム導入・更新～

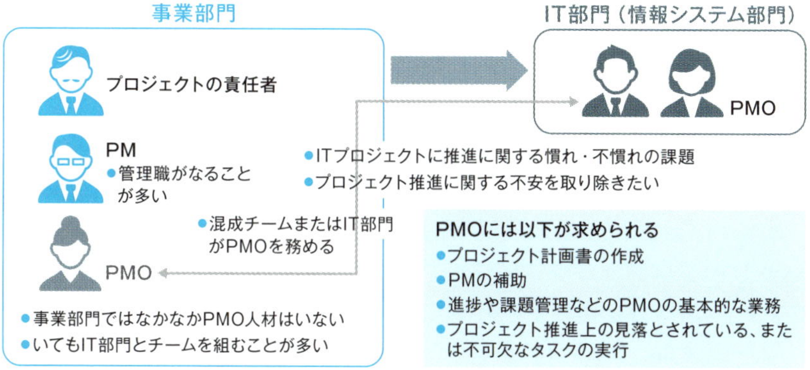

事業部門
プロジェクトの責任者
PM
●管理職がなること
が多い
PMO
●混成チームまたはIT部門
がPMOを務める
●事業部門ではなかなかPMO人材はいない
●いてもIT部門とチームを組むことが多い
IT部門（情報システム部門）
PMO
●ITプロジェクトに推進に関する慣れ・不慣れの課題
●プロジェクト推進に関する不安を取り除きたい
PMOには以下が求められる
●プロジェクト計画書の作成
●PMの補助
●進捗や課題管理などのPMOの基本的な業務
●プロジェクト推進上の見落とされている、または不可欠なタスクの実行

- 事業部門での新システム導入やシステム更新ではプロジェクト推進ノウハウや人材の不足から、このような依頼の組み合わせはよくある
- 特に新システムの導入や、昔作成したシステムでわかる人がいない、といったことなどでのニーズが高い

図7-14 社内PMOで求められるポイント～コミュニケーション～

PMO
コミュニケーションは
注意して見ていく
事業部門
プロジェクトの責任者
PM
現場の
部署
現場の
部署
…
関連部門
ITベンダー
コンサルタント

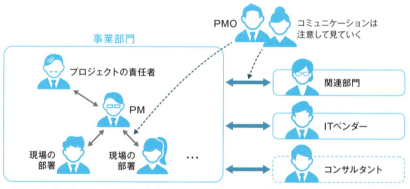

- 社内でのプロジェクトでは意外にも十分なコミュニケーションが取れていないことが多い
  ⟷ はよくあるコミュニケーションが取れていないポイント
- ドキュメント作成が社内ではおろそかになることがあるのでこのあたりも気をつけていきたい

Point

- 社内PMOは事業部門のプロジェクトをIT部門のPMOが支援する事例が多い
- 社内PMOであれば関係者の円滑なコミュニケーションを意識してほしい

社外PMOの事例

社外PMOの活動例

　本節では企業や団体が社外PMOを活用する事例について紹介します。DXやITのプログラムやプロジェクトで、コンサルティングファームやITベンダーがPMOを務める事例です。

　図7-15では、DXのプロジェクトを進めるにあたって、経験への課題などから外部のPMOチームが組成されています。このような場合では業務委託などの契約があります。

　PMにはDXを統括する部門のポジションが高い人が立ちますが、IT部門や現業部門などのさまざま部門ならびに関係者が存在します。PMOはDX部門の指示を受けるチームに位置づけられています。

　このようなケースでは、PMOには次のような活動が求められます。

❶プロジェクト計画書の作成
❷オーナーやPMの補助
❸会議体を含めた体制作り
❹進捗や課題管理他のPMOの基本的な業務
❺プロジェクト推進上の見落とされている、または不可欠なタスクの実行

　DXの場合には、初めて取り組む企業もあるため、前節に加えて❸が期待されます。また、外部の人間としての第三者視点も重要です。

社外PMOで重要なポイント

　社外PMOは、定められた資料の作成、タスクの遂行は当然として、別の価値を提供することが重要です。例えば、月次などで改善を進めていく、クライアントの作成困難な資料を専門的な知見で作成する、別の進め方や考え方を提供する、などのプロとしての価値提供が求められます（図7-16）。

図7-15　社外PMOでよくある事例　～DXプロジェクト～

DX統括部門
- プロジェクトの責任者
- PM（管理職がなることが多い）
- DXプロジェクトに推進に関する経験の課題
- DX経験者の知見がほしい
- PMOは各部門への窓口も務める

コンサルティングファームやITベンダー
- PMO
- 外部の人間としての第三者視点も大切にしたい！

PMOには以下が求められる
- プロジェクト計画書の作成
- オーナーやPMの補助
- 会議体を含めた体制作り
- 進捗や課題管理他のPMOの基本的な業務
- プロジェクト推進上の見落とされている、または不可欠なタスクの実行

IT部門
- DXの責任者
- リーダー　当該DX案件のIT部門としてのリーダー

現業部門
- DXの責任者
- リーダー　当該DX案件の現業部門としてのリーダー

…（現業部門は複数にわたることが多い）

- PMOはDX部門の指示のもとに、IT部門や現業部門との連携が必須となる
- DX部門は企業や団体において新しい部門であることから、予算を持っていても組織におけるパワーが不足していることが多い
- 社外PMOにはDX部門の活動を補いながら、ノウハウ他の価値提供が求められる
- 一般的にDXでは関連部門や登場人物が多くなるので、そういうものと意識して臨む必要がある

図7-16　社外PMOに求められるノウハウなどの価値提供の例

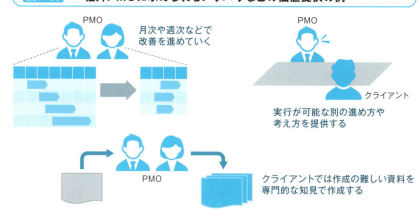

月次や週次などで改善を進めていく

実行が可能な別の進め方や考え方を提供する

クライアントでは作成の難しい資料を専門的な知見で作成する

Point
- DXのプロジェクトではコンサルティングファームなどの社外PMOが入ることもある
- 社外PMOは基本的な業務に加えて別の付加価値を提供してほしい

7-9 ·················· コンサルティングファーム、ITベンダー、個人の専門家

外部パートナーの活用

3つのサービスの例

これまでPMやPMOは専門的な機能を果たすものであることを見てきました。一方で、一般的な事業会社でPMやPMOを育成して増やしていくことはなかなか難しいことから、外部の戦力を利用してプログラムやプロジェクトを推進するケースが増えています。実態としては、次のような3つの外部パートナーの例が挙げられます（図7-17）。

- **コンサルティングファーム**：それぞれ強みは異なりますが、ITも含めてさまざまな案件に対応できます。また、ITベンダーのロックを避けたい際などに意図的に利用されることもあります。
- **ITベンダー**：ITの導入に関わる場合に選ばれることが多いです。特にシステム開発のプロジェクトなどでは専門領域であることから、大手や準大手のベンダーをはじめとして名前が挙げられます。
- **個人の専門家**：以前に一緒に活動したことがある個人などを指名して活用する例です。コンサルティングファームやITベンダーと比較するとコストは抑えられます。

ビジネスの視点も持つべき

外部パートナーを選定する際には、会社名で選んでしまいがちですが、基本的にはPMやPMO個人が自社の要望に合っているかで見極めるべきです。経験やスキルなどの専門性だけでなく、**組織や文化への適性、人柄などの多角的な視点で個人を見て、そのうえで所属企業を見ていくと間違いありません。**

また、候補者のプロフィールやCV（Curriculum Vitae）などにもきちんと目を通して、記載されている粒度を確認しながら、経験のある役割や機能などを見ていくことが重要です。本書で見てきたことを逆の立場で見ていけば適切なPMやPMOが見つかるでしょう（図7-18）。

図7-17　外部パートナーの例と違い

コンサルティングファーム
- さまざまな案件に対応できる
- ITベンダーロック対策としても利用される
- PM、PMOのいずれも提供できる

ITベンダー
- システム開発のプロジェクトなどに強みがある
- PM、PMOのいずれも提供できる

個人の専門家
- 実績のある個人として依頼
- 個人ごとに個別にPMやPMOとして検討
- 一般的にコストは抑えられる

図7-18　外部パートナーの選定に際して

個人の資質を確認
- 専門性：経験、スキル
- 適性：自社の組織や文化への適応能力
- 人柄：温和で話しやすい、強い、他

所属企業（個人事業）で見る
- 実績：近い事例（経験）
- 進め方と技法：企業が持っている方法論やノウハウ

※企業の名前で選ぶことはやめる
（個人の場合も実績や進め方・技法も確認する）

会社⇒個人の順番になりがちだが、
客観的に選別する際には逆の順番で行いたい

Point

- 外部パートナーとしては、コンサルティングファーム、ITベンダー、個人の専門家などが挙げられる
- 人材の見極めには所属会社の名前でなく、個人を評価することが重要

7-10 アドバイザリー、作業代行、PMO+、PMO2.0

≫ ビジネスの観点でPMOを考える

外部パートナーの種類

PMOはコンサルティングファーム、ITベンダー、個人などのさまざまな組織や人材がサービスとして提供しています。中でもコンサルティングファームはPMO人材を提供する最大の業界です。

ITベンダーとコンサルティングファームの両者で従事した筆者たちの経験からいえば、PMOをサービスとして提供する企業は、実はPMOに特化しているわけではありません。コンサルティングビジネスでは、主に次の3つのサービスを組み合わせて提供していることが多いです。

- **アドバイザリー**：専門的な知見や示唆を提供する（例として会計やITなどの専門性が求められる分野が挙げられる）
- **PMO**：PMO業務を遂行してPMOとしての役割を果たす
- **作業代行**：クライアントが作成すべき資料などを代行して作成する

コンサルティングファームは上記の組み合わせ方が実に巧みで、アドバイザリーを前面に押し出しながらも、実態としてはPMOや作業代行も提供してクライアントが離れられないようにしています（図7-19）。

人材を見極めるために

1-9で現在のPMOは定型化された管理業務の他にさまざまな業務に携わると解説しましたが、サービスを提供する側の視点からすれば、それらはアドバイザリーや作業代行にあたります。

従来型のPMOに加えて別の価値提供をするPMO+やPMO2.0のような考え方、あるいはPMOは複数サービスの中の1つと考えるなど、いずれにしてもPMOだけで勝負する時代は過去のものとなっています。**今後PMOとして成功するためにはビジネスとしての視点も持ちながら進めてください**（図7-20）。

| 図7-19 | 3つのサービスの組み合わせが鍵 |

❶ アドバイザリー	❷ PMO	❸ 作業代行

●クライアントに専門的な知見や助言を提供する ●会計やITなどの専門領域が多い ●多くの場合は作成された資料にアドバイザリーとしてのノウハウが詰まっている	本書でもこれまでも取り上げてきているが、PMO業務を遂行してPMOとしての役割を果たす	●クライアントが作成すべき資料などを代行して作成する ●資料作成に捉われない、いわゆるベンダーコントロール(クライアントの代わりに、ベンダーが適切に業務を遂行しているか管理する)などは作業代行でもある

| 図7-20 | PMOとして成功するための視点 |

- うまくいっているPMOは❷PMOを中心として、❶アドバイザリーや❸作業代行をそのときどきのクライアントのニーズに応じてうまく組み合わせて提供している
- もう少し具体的にいえば、ある時期は❷PMO中心、ある時期は❷PMOと❸作業代行、ある時期は❶〜❸のすべてのように、使い分けをしている

Point

- コンサルティングビジネスは、アドバイザリー、PMO、作業代行の組み合わせで提供されていることが多い
- 今後PMOとして成功するためにはビジネスの視点が必須

やってみよう

プロジェクトの特徴は独自性と有期性

ここまで、PMOは時代やトレンドとともに求められる役割や機能が変化していくので、それらに対応していくことが必要であると解説してきました。

最後の「やってみよう」では、あなたの目指すPMO像を考えてみましょう。以下に例を示しますが、定期的に整理することをお勧めします。

観　点	概　要
専門性	DXプログラムと大規模プロジェクト
経験	金融機関、製造業での全社DXプログラム、製造業でのDXならびにITプロジェクト、事業企画とマーケティングの経験もあり
特記事項	○○
ベーススキル	プログラムやプロジェクトの進捗、課題、リスク、品質、ステークホルダー、コミュニケーション管理などの全般

以下に観点を明確にしてご自身の姿を整理してみてください。

観　点	概　要

考える順番

自身を紹介するプロフィールやCVでは、このような経験があるからスキルが身についている、などのようなストーリーが重要です。あるいは、ありたい姿から考えていく進め方もあります。

この機会に改めて整理して、次のステージに向かって自分を高めていきましょう。いずれにしても、本書を読み終えた皆さんにはPMOやPMとしてありたい姿が見えているはずです。

用 語 集

[※「➡」の後ろの数字は関連する本文の節]

A〜Z

CDO (➡3-2)
Chief Digital Officer の略。デジタル戦略の策定ならびに推進を行う、DXの責任者。

CIO (➡3-2)
Chief Information Officer の略。IT戦略の策定ならびに推進、ITやシステムの導入・運用の責任者。

CoE (➡2-12)
Center of Excellence の略称で、企業・部門・組織を横断して進める取り組みの中核となる組織。

CSF (➡2-10)
Critical Success Factor の略。重要成功要因。

DevOps (➡6-13)
開発（Development）と運用（Operation）を組み合わせた造語で、ソフトウェア開発の期間を短縮しながらも高品質なリリースを実現するために開発と運用が協調して取り組んでいくことを指す言葉。

DX (➡1-2)
Digital Transformation の略称で、企業や団体がデジタル技術を活用して経営や事業における変革の実現を目指す取り組み。

KGI (➡2-10)
Key Goal Indicator の略。重要目標達成指標。

KPI (➡2-10)
Key Performance Indicator の略。重要業績評価指標。

PM (➡1-4)
Project Manager の略称。プロジェクトをマネジメントするリーダーを指す。プロジェクトを統括してプロジェクトの関係者に指示をして、プロジェクトの運営責任を持つとともに、プロジェクトを成功へと導くミッションを負う。

PMBOKガイド (➡1-18)
Project Management Body Of Knowledge の略。通称「ピンボック」ともいわれる。米国プロジェクトマネジメント協会（PMI）が、プロジェクトマネジメントの知識体系としてまとめたもので、日本語版も販売されている。現在は2021年発行の第7版が最新だが、プロジェクトマネジメントの現場ではすぐに追随できないことから、前身の第6版を参考にして実務が遂行されている現場もまだまだ多い。

PMO (➡1-3)
Project Management Office の略。文字通りプロジェクトマネジメントオフィスやプログラムマネジメントオフィスを指す。プロジェクトやプログラムのマネジメントを支援するチーム。

PMO+ (➡7-10)
定型化されたPMOの機能に加えて、アドバイザリー、作業代行などのサービスを複合的に提供するPMO。

PMO2.0 (➡7-10)
定型化されたPMOの機能に加えて、アドバイザリー、作業代行などのサービスを複合的に提供するPMO。

RFI (➡5-6)
Request For Information の略。システム開発をベンダーに依頼する際に情報提供を求める活動ならびに文書をいう。ベンダーに知見を求める、当該分野の経験に関する情報を求める、など状況に応じた利用がなされる。

RFP (➡5-6)
Request For Proposal の略。システムの要件やその他の条件などを提示して、ベンダーに提案を求める活動ならびに文書をいう。

SaaS (➡3-8)
Software as a Service の略。ユーザーがアプリケーションとその機能を利用するサービス。ユーザーのできることはアプリケーションの利用や設定にとどまる。

V字モデル (➡5-7)
ITプロジェクトの各工程について、プログラミングを底辺にV字で表し、設計工程の内容をテスト工程で動作検証を行うように計画すること。

WBS (➡4-6)
Work Breakdown Structure の略。成果物を作成するためにプロジェクトが実行する作業を階層構造で表したもの。

あ行

アクティビティ (➡4-6)
ワークパッケージを完了するために必要な作業。

アジャイル (➡5-3)
アプリケーションやプログラム単位で、要求・開発・テスト・リリースを繰り返していく開発手法。

アライアンスチャート (➡3-3)
企業提携や統合などで利用するチャートで、企業や企業グループを楕円などで表現して勢力関係を表すチャート。

移行計画書 (➡6-11)
本番稼働に係る移行をするための計画書。

ウォーターフォール (➡2-3、5-3)
滝が流れるように、要件定義、概要設計、詳細設計、開発・製造、結合テスト、システムテスト、運用テストの各工程を行い、開発を進める手法。

請負契約 (➡5-11)
仕事の完成を義務づける契約。

運用テスト (➡6-11)
OTともいう。ユーザー企業による業務活動を遂行できるかを検証するための工程、および要件定義書に記載した要求事項が実装されているかを、要求元の業務部門やシステム部門に確認してもらう工程。STのテスト計画をもとに、定常業務を行う要員も含め業務サイクルの確認を行う。

215

か行

開始条件 (➡1-15)
プロジェクトや開発の各工程を開始する際に整えるべきヒト・モノ・カネの条件。

開発工程 (➡2-3)
ITプロジェクトで作成される成果、成果物の内容に基づきまとめた作業単位。開発工程では、目的に沿った成果物を作成し、その内容を検証して次の工程に進む。

外部仕様 (➡6-7)
利用者との接点となる画面や帳票などのこと。

課題 (➡4-8)
プログラムやプロジェクトの推進・実行中に発生する計画されていなかった事象や負の影響を与える事象のこと。

課題管理表 (➡4-8)
課題を、発生日、内容、重要度他の項目で、一覧表形式で整理したもの。

稼働判定会議 (➡6-11)
本番稼働の可否をプロジェクトの責任者が決める会議。

ガントチャート (➡4-6)
縦軸にWBSと作業タスクを記載し、横軸に時間軸を記載して、作業の予定と実績を横棒で表すグラフ。作業タスクごとに担当者、所要日数、開始条件や先行する作業タスクを記載することで、作業タスク間の先行・後続、所要期間も可視化できる。

機能要件 (➡6-5)
インタフェース設計として画面遷移図、画面レイアウト、帳票レイアウト、データ構造設計として概念データモデル、エンティティ一覧、CRUD図、管理対象分類図、バッチ処理一覧、外部インタフェース一覧を作成する。

基本設計書 (➡6-7)
UI工程で作成する設計書。利用者との接点になるインタフェースについて主に記載した設計書。

ゲート (➡4-4)
フェーズの終了時点のこと。終了時点で当該フェーズの活動内容を確認するゲートチェックを行うことからゲートと呼ばれる。

結合テスト (➡6-10)
IT（Integration Testing）ともいう。結合した機能および機能間のインタフェースの品質を検証すること。

工数 (➡4-7)
進捗管理の実績を把握するために最も多く使われている管理単位。

工程完了判定会議 (➡5-15)
システム開発において、各工程を完了して次の工程に移れるかを判定する会議。

コミュニケーション (➡4-11)
プログラムやプロジェクトの関係者が発言や態度、ソフトウェアツールなどを通じて意思の疎通を図っていくこと。

さ行

作成物 (➡4-7)
プログラムやプロジェクトで作業の結果として作成されるドキュメントやアプリケーション、サービスなどを指す。

システム化計画 (➡6-2)
SP（System Planning）工程ともいう。情報化システム構想（全体または個別）をもとに、現行システム調査後に要件定義を行い、投資効果を評価し、開発の意思決定を行う工程。

システムテスト (➡6-10)
STともいう。システム全体の機能・非機能・運用などの品質を検証し、品質保証達成レベルに到達しているか確認すること。

システム化要件 (➡6-4)
RDのプロセスの1つ。To-Be（あるべき姿）の検討結果をもとに機能要件を作成し、データ構造設計やインタフェース設計を実施し、非機能要件をまとめ、最後に運用・移行計画をまとめる。

実装配置 (➡6-8)
プログラムをWeb/AP/DBサーバーのどのハードウェアに配置するかを決めること。

終了条件 (➡1-17)
プロジェクトや開発の各工程を終了する際に確認すべき条件。当該プロジェクトや開発工程の開始時点で目標とした定量的な成果、成果を示すドキュメント、客観的な評価項目の達成状況の、3つの視点で確認する。

詳細設計書 (➡6-8)
SS（System Structure Design）ともいう。システムの実装に向けた設計を行い、ユーザーインタフェース設計で合意された仕様の反映を行うこと。

情報化構想立案 (➡6-2)
VP（IT Vision Planning）ともいう。現状の事業環境と業務を調査・分析し、情報化の目標と施策を定義する工程。

進捗管理 (➡4-7)
プログラムやプロジェクトの進み具合や状況を把握して、計画の通りに推進されているかを管理すること。

スコープ (➡4-2)
活動の範囲。活動の範囲や作業の概要を示す作業スコープと、作成するシステムやドキュメントなどの目に見える成果物（作成物）スコープから構成される。

ステークホルダー (➡4-10)
プログラムやプロジェクトに影響を与える、あるいは影響を受ける利害関係者。

た行・な行

体制図 (➡3-2、3-3)
プログラムやプロジェクト活動を行うための体制を表す図。定常業務で用いられる組織図とは異なり、プログラムやプロジェクト期間中のみ、有効となるもの。

タスク (➡4-5)
プログラムやプロジェクトの中で重要な活動項目。企業や団体によっては、プロジェクト、テーマ、タスク、ワークパッケージ、アクティビティなどの用語を使い分ける、あるいは混同して使うこともある。

チームビルディング (➡5-12)
メンバーの能力を最大限に引き出せるチームを作ること。

定常業務 (➡5-13)
ルーティンワークとも呼ばれる。目的を達成するために継続的に繰り返し行われる業務で、組織に課された目的・目標を継続的に達成するための活動。

デザイン思考 (➡3-5)
共感、定義、創造、試作、検証の5つのステップから構成されるデザイナーなどの仕事の進め方をベースとした考え方。

なぜなぜ分析 (➡7-4)
大手の自動車製造業をはじめとして、製造業の企業で多

く用いられている原因分析の手法。ある事実に対して、「なぜ⇒なぜ」と細かく原因を分析していく。5階層目まで落とし込めると真因に至るともいわれている。

は行

非機能要件 （→6-5）
システムの稼働時間や処理の応答時間、セキュリティに関する要件など、システムが実現する業務機能要件以外の要件。

ビジネス要件 （→6-4）
RDのプロセスの1つ。ステークホルダーの把握から始まり、As-Is（現状の姿）把握、問題・ニーズ把握を実施し、施策検討の後、To-Be（あるべき姿）検討を実施する。

品質基準 （→4-12）
活動内容を評価する考え方と活動。

フェーズ （→4-4）
プログラムやプロジェクトのステークホルダーから現在の進捗状況を理解しやすい単位で段階や工程を取りまとめた活動単位。

ブレイン・ストーミング （→3-5）
自由なアイデアを出し合い多様な発想を誘発する技法。

プログラミング （→6-9）
PG（Programming）ともいう。プログラムおよびシステム環境を実装すること。

プログラミング構造設計 （→6-9）
PS（Program Structure Design）ともいう。プログラム構造を設計し、プログラム詳細設計（定義体の設計を含む）を行うこと。

プログラム （→2-5、6-8）
複数のプロジェクトを実行することで経営の目的・目標を達成するための活動。複数のプロジェクトを実行することで達成されるDX活動をDXプログラムとして定義し、配下のプロジェクトに対して上位の立場で統制を図る。

プログラムテスト （→6-9）
PT（Program Test）もしくは単体テストとも呼ばれる。単体レベルでの品質を検証すること。

プログラム憲章 （→2-11）
プログラムで達成すべき目的、背景、効果、計画（スケジュール）、体制など、活動の根幹となる考え方や概念を記載した文書。

プロジェクト （→1-7）
新たに作成する製品やサービスなどを期限内に作り上げる業務。

プロジェクト計画書 （→2-11、5-10）
ITプロジェクトを推進するうえで、その拠りどころとなる文書。

ベースライン計画 （→5-10）
プロジェクトの拠りどころとなる、スコープ、スケジュール、プロジェクト体制、品質ベースライン他の基本的な事項を事前に計画として定めること。

ベンダーロックイン （→1-11）
ユーザーが使用するシステムやハードウェア、その運用サービスなどが特定のベンダーからの導入に偏り、当該ベンダーとの関係（契約）を見直せない（ロックイン）状態にあること。

ポストモーテム （→6-13）
事後検証ともいう。サービス提供後のシステム障害や障害につながるインシデントが発生した際に、原因を分析して再発を防止するための施策を実施すること。

ま行・や行

マイルストーン （→4-3）
プログラムやプロジェクトにおいて、必ず守らなければならない区切りや到達点、中間目標などを指す。

マインドマップ （→7-4）
解決すべき課題などから放射状にアイデアの枝葉を伸ばし、発想やイメージを広げ、思考を整理するためのツール。

目標施策体系図 （→2-10、7-5）
KPIと経営者が提示する異なるレベルのKGIを直感的に関連づけるためのツール。経営者の示すITプロジェクト方針から個々の施策を関連づけて紐づけるため、施策がどのようなルートでITプロジェクトの方針にたどり着くかを理解しやすい。

ユーザーエクスペリエンス （→6-7）
利用者の経験・体験を指す。

要件定義 （→6-1）
Requirements Definition、または省略されて「RD」と呼ばれる。情報システムで必要とするものを「要件」として定義し、要件定義書にまとめること。

ら行・わ行

リスク （→4-9）
今後起こり得る不確実な事象でプログラムやプロジェクトに何らかの負の影響や損失を与えること。

リスク監視 （→4-9）
リスク対応計画を作成して、事前に見えるリスクが発生しないかを定期的に監視すること。

リスク管理表 （→4-9）
リスク対応計画を一覧化して管理するための表。当該リスクが発生する時期、確率、影響、対策などを管理する。

ローコード開発 （→5-3）
コードをできるだけ書かない開発のスタイル。

ワークショップ （→3-5）
複数名で集まって討議すること。参加者がお互いに協力して特定のテーマをもとに展開する議論や共同検討のスタイル。

ワークパッケージ （→4-5）
WBSで記載される最下層の管理項目、または最も細かい活動。タスクとも呼ばれる。

索引

【 アルファベット 】

CDO	84
CIO	84
CoE	74
CSF	70
DX	16
DX認定	134
DXプロジェクト	16
EVM	158
ITプロジェクト	16
ITベンダー	142, 210
KGI	70
KPI	70
PDCAサイクル	190
PMBOKガイド	48
PMO＋	212
PMO2.0	212
RD	164
RFI	142
RFP	142
SaaS	96
UI工程	176
V字モデル	144
WBS	114

【 あ行 】

アーンド・バリュー・マネジメント	158
アクティビティ	114
アジャイル	136
アドバイザリー	212
アライアンスチャート	86

【 か行 】（続き、上段）

新たなIT	132
移行計画書	184
意思決定プロセス	198
イラスト	96
インシデント	188
ウォーターフォール	56, 136
請負契約	152
運用管理	186
運用テスト	184

【 か行 】

会議体	124
会議体運営	36, 88
開始条件	42, 148
開発工程	56
外部仕様	176
外部人材	78
外部パートナー	210
課題	118
課題管理	118
課題管理表	118
価値提供	208
稼働判定会議	184
ガントチャート	114
管理項目	32, 126
管理責任	28
管理単位	116
企画・事業推進力	76
期間	44
議事録作成	36
期待	98

期待値	98
機能分化	32
機能要件	172
基本設計書	176
決まり文句	88
ゲート	110
結合テスト	182
工数	116
工程	144
工程完了	160
工程完了判定会議	160
ゴール	66
ゴールへのプロセス	204
個人の専門家	210
コスト	44
コミュニケーション	124
コミュニケーションスキル	76, 196
コンサルティングファーム	210

[さ行]

作業スコープ	106
作業代行	212
作成物	116
事後検証	188
システム化計画	166
システム化要件	170
システム企画	164
システムテスト	182
システム保守	186
実装配置	178
失敗プロジェクト	46
事務局	18
事務処理能力	196
社外PMO	208
社内PMO	206
重要業績評価指標	70
重要成功要因	70
重要目標達成指標	70

従来型IT	132
終了条件	46, 160
準委任契約	152
詳細設計工程	178
詳細設計書	178
情報化構想立案	166
進捗管理	116
スケジュール	168
スコープ	106
ステークホルダー	122
成果物	26
成果物スコープ	106
成功責任	28
専門性	76, 196
ソリューション	96

[た行]

体制構築	156
体制図	84, 86
タスク	104, 112
達成状況	68
多様性	76
単体テスト	180
チームビルディング	76, 154
チケット	128
調整役	38
通訳	38
提供価値の評価	54
定常業務	156
テーマ	112
デザイン思考	90
デジタル技術	134
テスト工程	182
当事者意識	82
到達度合い	68
ドキュメント	174
独自性	26
トップダウン	198

[な行・は行]

なぜなぜ分析	200
非機能要件	172
ビジネス要件	170
評価軸	44
ピラミッド	92
品質	44
品質管理	190
品質基準	126
ファシリテーション	36
ファシリテーター	88
フェーズ	110, 144
振り返り	100
ブレイン・ストーミング	90
フレームワーク	92
プログラミング	180
プログラミング構造設計	180
プログラム	60, 178
プログラム憲章	72
プログラムテスト	180
プロジェクト	26
プロジェクト開始時	146
プロジェクト管理ツール	128
プロジェクト計画書	72, 150
プロジェクトの管理	44
プロジェクトの終了	46
プロジェクトの立ち上げ	42
分析・思考力	76
ベースライン計画	150

ベンダーロックイン	34
ポストモーテム	188
ボトムアップ	198

[ま行]

マイルストーン	108
マインドマップ	200
見積り	158
メンバー選定	154
目的	168
目標施策体系図	70, 202

[や行]

有期性	26
ユーザーエクスペリエンス	176
ユーザビリティ	176
要件定義	164
要件定義書	164
予算	168

[ら行・わ行]

リーダーシップ	76, 196
リスク	120
リスク監視	120
リスク管理表	120
ローコード開発	136
ワークショップ	90
ワークパッケージ	112

おわりに

　ここまで、PMOやPMの基本をテーマとして解説してきました。

　特にPMOは、今後も一層のニーズや広がりがあるとともに、企業や団体のDXやITのプログラムやプロジェクトを支える人材として不可欠であることが理解できたかと思います。

　本書では「きほん」と題して基本的なポイントをまとめていますが、現在ならびに近未来のトレンドや具体的なケースや事例なども織り込み、実態としては応用の領域にも踏み込んでいます。何度か読み返していただいて、どこが「きほん」で、どこが「実践」や「応用」にあたるのかを想定するのも、本書を使いこなすうえでのヒントになるでしょう。

　また、本書とは別にDXやITの基礎知識を身につけたい方には、拙著『図解まるわかり DXのしくみ』『図解まるわかり AWSのしくみ』『図解まるわかり Web技術のしくみ』『図解まるわかり クラウドのしくみ』『図解まるわかり サーバーのしくみ』などを、システム開発の基礎知識を身につけたい方には、『図解まるわかり 要件定義のきほん』（いずれも翔泳社）を読まれることをお勧めします。同じような形式で、同じ著者が執筆しているのでわかりやすいと思います。

　最後に、本書の執筆には、蓮沼潤一さん、村本徹也さんにご協力いただきました。また、本書の企画から刊行まで翔泳社編集部に全面的に支援していただきました。改めてお礼申し上げます。

　読者の皆様にPMOやPMとして活躍いただけるように、本書をガイドとして役立てていただければ幸いです。

2024年9月　著者を代表して　西村 泰洋

本書内容に関するお問い合わせについて

このたびは翔泳社の書籍をお買い上げいただき、誠にありがとうございます。弊社では、読者の皆様からのお問い合わせに適切に対応させていただくため、以下のガイドラインへのご協力をお願い致しております。下記項目をお読みいただき、手順に従ってお問い合わせください。

●ご質問される前に

弊社Webサイトの「正誤表」をご参照ください。これまでに判明した正誤や追加情報を掲載しています。

正誤表　https://www.shoeisha.co.jp/book/errata/

●ご質問方法

弊社Webサイトの「書籍に関するお問い合わせ」をご利用ください。

書籍に関するお問い合わせ　https://www.shoeisha.co.jp/book/qa/

インターネットをご利用でない場合は、FAXまたは郵便にて、下記"翔泳社 愛読者サービスセンター"までお問い合わせください。
電話でのご質問は、お受けしておりません。

●回答について

回答は、ご質問いただいた手段によってご返事申し上げます。ご質問の内容によっては、回答に数日ないしはそれ以上の期間を要する場合があります。

●ご質問に際してのご注意

本書の対象を超えるもの、記述個所を特定されないもの、また読者固有の環境に起因するご質問等にはお答えできませんので、予めご了承ください。

●郵便物送付先およびFAX番号

送付先住所　　〒160-0006　東京都新宿区舟町5
FAX番号　　　03-5362-3818
宛先　　　　　（株）翔泳社 愛読者サービスセンター

※本書に記載されたURL等は予告なく変更される場合があります。
※本書の出版にあたっては正確な記述につとめましたが、著者や出版社などのいずれも、本書の内容に対してなんらかの保証をするものではなく、内容やサンプルに基づくいかなる運用結果に関してもいっさいの責任を負いません。

※本書に記載されている会社名、製品名はそれぞれ各社の商標および登録商標です。
※本書の内容は2024年8月1日現在の情報などに基づいています。

執筆者一覧

西村 泰洋 （にしむら・やすひろ）

ITコンサルタント　ITZOO.JP合同会社 代表
富士通株式会社、大手コンサルティングファームを経て現職。
DXやデジタル技術を中心にさまざまなシステムとビジネスに携わる。
情報通信技術の面白さや革新的な能力を多くの人に伝えたいと考えている。IT入門サイト、ITzoo.jp（https://www.itzoo.jp）でITの基本やトレンドの解説、無料ダウンロードでの各種素材の提供なども手掛けている。
著書に『図解まるわかり AWSのしくみ』『図解まるわかり DXのしくみ』『図解まるわかり Web技術のしくみ』『図解まるわかり クラウドのしくみ』『図解まるわかり サーバーのしくみ』『絵で見てわかるRPAのしくみ』『IoTシステムのプロジェクトがわかる本』（以上、翔泳社）、『図解入門 よくわかる最新IoTシステムの導入と運用』『図解入門 最新RPAがよ～くわかる本』（秀和システム）などがある。

相川 正昭 （あいかわ・まさあき）

ITコンサルタント
富士通株式会社、大手コンサルティングファームを経て現職。
メガバンクや証券会社の大規模システムのSEならびにプロジェクトマネージャーとして複数の重要プロジェクトを経験。現在は主にDX関連のプロジェクトに従事。
PMI PMP、ITILなどの資格を保有。著書に『図解まるわかり 要件定義のきほん』（翔泳社、共著）がある。

装丁・本文デザイン／相京 厚史（next door design）
カバーイラスト／加納 徳博
DTP／佐々木 大介
　　　吉野 敦史（株式会社アイズファクトリー）

図解まるわかり PMO・PM のきほん

2024年 9月 9日　初版第1刷発行

著者　　　西村 泰洋、相川 正昭
発行人　　佐々木 幹夫
発行所　　株式会社 翔泳社（https://www.shoeisha.co.jp）
印刷・製本　株式会社 ワコー

©2024 Yasuhiro Nishimura, Masaaki Aikawa

本書は著作権法上の保護を受けています。本書の一部または全部について（ソフトウェアおよびプログラムを含む）、株式会社 翔泳社から文書による許諾を得ずに、いかなる方法においても無断で複写、複製することは禁じられています。
本書へのお問い合わせについては、222ページに記載の内容をお読みください。
落丁・乱丁はお取り替え致します。03-5362-3705 までご連絡ください。

ISBN978-4-7981-8596-5　　　　　　　　　　　　　　Printed in Japan